槟楠文化

福建省樱桂桢楠文化研究院 编

中国农业出版社

槟榔文化

封面题字：覃志刚（全国文联副主席、著名书画家）

编委会：

主　　任：俞达新

副 主 任：张顺恒　　郑景顺　　周雪琴　　刘用腾

成　　员：何小龙　　刘必伟　　俞丹丹　　林　森　　郑祝春

　　　　　俞天吉　　何芝兰　　张小武　　谢　文

主　　编：张顺恒

副 主 编：吴怡然

成　　员：莱　卡　　吴　羚　　范祥锋

策　　划：农讯传媒

设　　计：莱卡印象工作室

桢楠研究院

序

当看到楠木文化这本样书时，我是很高兴的。有关树木文化，应是森林文化中的一部分，虽然在一些树种和森林文化的著作中都有一些论述，但专门就一个树种（或一类树种）进行其文化的研究尚未见到，这在林业领域是一项拓展性的工作，对于林业上一些重要树种，特别是一些珍贵树种的发展可起到知识上的传播和引导作用，很值得提倡。

关于楠木，在郑万钧主编的《中国树木志》中是樟科植物中的一个"属"（*Phoebe Nees*）。楠木属约94种，分布于亚洲及美洲的热带和亚热带，我国约有34种，产于长江流域以南地区，福建和四川均是楠木的重要产区。

楠木属中有4个重要种，即桢楠（*PH. zhennan*）、闽楠（*PH. bournei*）、滇楠（*PH. nanmu*）和紫楠（*PH. sheareri*）。楠属树木多为高大乔木，树干通直，生长较快，木材坚实细致，花纹美观，气味芬芳，耐腐性强，不易变形与开裂，为建筑、家具、船板等优良用材，有天下名木之称，尤其是上述4种楠木是我国珍贵用材树种。我国著名林学家陈嵘在《中国树木分类学》中指出："如樟、楠木、肉桂等利用价值极大，欧美人每谓中国植物界之富源重在樟科，良有以也"。而且认为"樟"、"梓"、"楠"、"椆"均为我国名木。树木学家郑万钧于1943年在《林学》杂志上发表研究论文："成都平原楠木之研究"，他认为：楠木类树木，为成都平原习见之主要树种，乔木密茂，浓荫蔽日；其木材质纹理细致，坚固耐用，为建筑良才，制作家具，尤为名贵，最近研究亦适于制作枪柄军工之用，实为我国优良之木材。惟此类大树巨木，日渐减少，宜大量栽植造林，增加生产裨应建国之需。

楠木，不仅木材优良，而且多高大挺拔，树势雄伟，根深叶秀，四季常青，姿态雅致，具有重要的美化和观赏价值。

楠木由于存在上述这些优良特性，自古深受人们喜爱。早在春秋时代，楠木已进入一些文人的视野，如《尸子》［整理尸佼（公元前390—前330年）其人言论的著作］中就有土积则梗枏（楠木的古字）豫章的记载。在《墨子·公输》中记载着墨子劝诫楚惠王放弃攻打宋国的一段精彩说辞，其中一句是这样讲的，"荆有长松文梓梗楠豫章，宋无长木，此犹锦绣之于短褐也"。意思是楚国有松树、梓树、黄梗木、楠木、樟树这些名贵树木，宋国没有高大树木，这好比锦绣之于粗布衣服。墨子用楚国资源富足、宋国资源贫乏对楚王委婉劝诫。这里明显地反映出像墨子这样的先秦思想家—墨家学派创始人已经懂得楠木等是名贵树木，是一个国家（或地方）富裕的象征。西汉时期的《淮南子》上载有"楠、豫章之生也，七年而后知，故可以为棺、舟"。《丽藻记》中记载"成都有古楠、皆千岁也"。

从上述引用的一些文献看，早在春秋战国与西汉时期，当时一些上层的文人已经了解楠木的一些特性以及楠木是国家的富源。

到了唐代以后，楠木真正开始成为"名木"。唐代的一些著名诗人在他们的诗中常有关于楠木的描述，如王昌龄的《出郴山口到叠石湾野人室中寄张十一》，有"楛楠无冬春，柯叶连峰稠"之句；杜甫的《高楠》，有"楠树色冥冥，江边一盖青"之句；《楠树为风雨所拔叹》中有"倚江楠树草堂前，故老相传二百年"之句。宋代黄庭坚的《万州下岩二首》有"寺古松楠老，岩虚塔庙开"之句；陆游的《假山拟宛陵先生体》有"谷声应钟鼓，波影倒松楠。借问此何许，恐是庐山南"之句。

上述这些唐宋时代的著名诗人，经常在他们的诗中描述、吟咏楠木，定是对楠木有所鉴赏，诗句本身就是这些著名诗人对楠木审美的体现。就这样，楠木的文化意义不断被描述、传承，愈久弥厚，历世不衰。同时也说明了在唐宋时代楠木已有了相当的认知度。

到了晚清时期，楠木的木材特性得到了深刻认识和进一步的开发，如"金丝楠"的发现，使楠木木材的宝贵特性被挖掘出来，其用途和利用技术也有了新的开拓，不仅许多厅堂建筑，选用楠木作柱、梁及装饰材料，而且明清两代也用楠木制作家具，尤其是皇室。当时的楠木家具制作工艺十分精致，成为了艺术品，从而也极大地丰富了楠木的文化内涵。

在明代的《博物要览》（公元1621—1627年）中已有"金丝楠木"的记载。据后人研究，金丝楠木并不是楠木属中的一个种，而是一些楠木在特定的生境中，长到一定年龄后在木纹中产生金丝（一种结晶体），故而木材的质地更优良，色泽、纹理更为美观，是楠木中至美者。从此楠木被称作"皇帝木"，成为皇家的专用材，不仅皇家的建筑要用楠木，如北京十三陵祾恩殿，就有两人合抱的楠木柱，而且皇室的室内装饰、陈设、家具等也用楠木制作。明清两代的楠木家具，华丽而美观，有很高的美学鉴赏价值，是不可多得的珍品。

关于楠木的文化是和对楠木的认识与利用历史有密切关系的。从上面引用文献看，历史（古代）上，对楠木的认识历史大体分为3个阶段：一是唐代以前（如春秋战国时期），楠木已进入了上层文人的视野，在一些文人著述中已有所反映；二是唐宋时期，楠木已得到不少文人的鉴赏，成为一些著名诗人描述自然的重要素材，从而获得了传播，成为名木；三是明清时期由于对楠木的鉴赏能力有了明显提高，是楠木开发利用的开创时期，其珍贵用材地位才得以确认。但历史上对楠木自然特性的认识还是很肤浅的，有关这些方面的描述很少，在种植培育方面也缺乏记述。

到了近代民国时期，一些林学专家，林业研究机构，开始对楠木的分类、分布、生长、材性有了调查研究，并有专门的著作论文发表。这一时期对楠木的珍贵性及其价值有了科学的认识，但对楠木的生物学特性与培育技术仍很欠研究。

进入现代时期，新中国成立后虽然对楠木的保护得到了加强，现在的楠木古树和楠木林大多是建国后保护下来的。我在20世纪90年代曾去过峨眉山考察，在峨眉山麓所见到的混交状态的楠木古树群，一株株巨大的身躯，挺拔林表，抬头望去，直冲云霄，观之令人震撼。福建政和县东平镇、浦城县水北街的楠木古树群，也有类似状况。但可惜像这样的楠木古树与森林已很稀少。明清两代楠木成为皇家专用材后，虽然在开发利用上有了发展，但却只知滥伐滥用，不知节用培育，导致我国楠木资源的贫乏，以致至今未能得到恢复。新中国成立后，楠木研究仍是十分薄弱的，虽然近20年来国家提倡发展珍贵用材树种，但由于栽培技术储备不足，再加上珍贵用材的培育需要作出长期的努力，楠木资源的恢复存在难度。

本书的主编张顺恒博士（高级工程师），由鉴于此，长期致力于楠木等珍贵树种研究，他已经为此做出了许多努力。此书的编写是他多年潜心于资料的搜索、整理和研究的结果，内容包括楠木的种类、分布、生长，金丝楠之王者风范，金丝楠与皇室贵族，金丝楠与文人墨客，金丝楠之诗书画，金丝楠文化传承与创新等。这些内容，历史、全面、系统地反映了楠木文化的特色和楠木属植物的珍贵价值。通过这些楠木文化内容，从物质和精神两方面传播了楠木的知识体系，揭示了从古到今楠木作为国家富源的认知，珍惜、保护、发展这些资源是富国惠民的要求，也是今人的责任。《桢楠文化》的出版，必将对楠木的资源价值、社会价值、景观价值与文化价值的认知起到广泛的宣传与引导作用，从而激励更多的人去关注楠木，并为恢复楠木等珍贵树木资源而做出努力。我盼望着《桢楠文化》早日出版发行。

2014年8月11日

（国务院参事、中国林业科学研究院首席科学家）

目 录

第一章　楠木的种类、分布和生长

历史上楠木的种类是根据明末清初大学者谷应泰《博物要览》中的记载："楠木有三种，一曰香楠、二曰金丝楠、三曰水楠。南方者多香楠，木微紫而清香，纹美。金丝者出川涧中，木纹有金丝，向明视之，闪烁可爱。楠木之至美者，向阳处或结成人物山水之纹。水楠色清而木质甚松，如水杨，惟可做桌、凳之类"。

一、楠木的种类

历史上楠木的种类是根据明末清初大学者谷应泰《博物要览》中的记载："楠木有三种，一曰香楠、二曰金丝楠、三曰水楠。南方者多香楠，木微紫而清香，纹美。金丝者出川涧中，木纹有金丝，向明视之，闪烁可爱。楠木之至美者，向阳处或结成人物山水之纹。水楠色清而木质甚松，如水杨，惟可做桌、凳之类"。

前人对楠木种类的划分是笼统的，以上三个种类楠木的主要区别与特点：

（一）香楠

香楠，顾名思义是樟科楠木中清香气味较明显的那一类，其气味芬芳，长久不衰，令人心旷神怡，因而得名。其木材微微带紫、木质坚硬，纹理美观细致，多数呈水波荡漾和高山状的纹理，质感透亮优越，多产于南方福建、台湾、广西、海南、贵州、云南等地。

福建沙县高砂镇柳源村，闽楠，树龄305年，冠幅10米，树高22米，胸围3.42米

清朝王佐《新增格古要论·异木·香楠木》：出四川、湖广，色黄而香，故名。好刊牌匾，又有紫黑色者皆贵，白者不佳。有清薛福成《庸盦笔记·述异·己丑八年祈年殿灾》：盖其楹栋，皆以香楠木为之；《警世通言·宋小官团圆破毡笠》：就是这只船本，也值几百金，浑身是香楠木打造的记述。

（二）金丝楠

金丝楠，是指楠木木纹里含有金黄色结晶体明显多于普通楠木的那一类，其木材纹理璀璨如金、五彩缤纷、美丽多变，有的结成天然山水人物花纹。金丝楠自古有"水不能浸，蚁不能穴"之说，木质坚硬、防潮耐腐、木性稳定，不翘不裂，经久耐用。金丝楠材色一般为黄中带浅绿，但经过氧化后会呈现出丰富多彩的颜色，有紫金色、金黄色、翡翠绿、紫红色和黑色。金丝楠木材表面在阳光下金光闪闪，金丝浮现，且有淡雅幽香，故《博物要览》称之为"楠木之至美者"。

金丝楠主要是桢楠属的桢楠、闽楠、紫楠、浙江楠和利川楠，属国家二级保护植物，是楠木中最为珍贵的一类。

（三）水楠

水楠，概指上述之外的木材——木质较次、密度较小的那类楠木，木质松软，色泽较淡，通常只能用来做桌案、椅凳等小型家具，是楠木中木质较差的一类。

近年来"金丝楠木"商品木材主要来源有：

一是楠木新料，即新采的楠木。因为国家禁止采伐，保护严格，主要是自然倒伏木、灾害木、建设征地采伐木等，数量较少。

二是楠木的老料。其来源多样，有旧房拆迁，甚至有从明清时候的老房子所拆。还有的是从像三峡库区这种大规模拆迁，地震倒塌房屋等这些途径获得的。

第三是金丝楠阴沉木。这类楠木主要是以前由于地壳运动、地震、山体滑坡而埋在地下或者大水冲到河道里的，有的甚至经过几百年上千年埋藏地下的历史。严格说来，阴沉木金丝楠已超出了木头的范围，而应将之列为"珍宝"的范畴，极具观赏、收藏价值。阴沉木金丝楠自古以来就被视为名贵木材，稀有之物，堪称盖世珍品。

随着人们对楠木认识的深化，已经证实我国一共有8种楠木出现金丝楠木材性现象，其中桢楠属（楠属）有4种，分别是桢楠、闽楠、浙江楠、紫楠；润楠属也有4种，滇润楠、基脉润楠、粗状润楠、利川润楠（据《中国古典家具用材鉴赏》，山西古籍出版社，2006年5月，第145页）。其木材金丝含量比例达80%以上均称为"金丝楠木"。林业专家高兆蔚认为"金丝楠"是在适宜的生长环境区域中、在特定环境条件下偶然出现的材性现象，除了有特定树种、特定区域条件外，与树龄与部位也有关，一般出现在树龄较大者，靠近根茎部位且老朽者，罕见有整株性和幼中龄林楠木出现"金丝楠木"现象。

按照现代林学、树木分类学的划分，人们现在所称的楠木主要指楠属（以往称桢楠属、楠木属）（*Phoebe Nees*）和润楠属（*Machilus Nees*）的树种。据《中国植物志》（第31卷，1982）记载，中国楠属有34种3变种，分布于长江流域及以南地区；润楠属我国有69种4变种。

按照国家标准《中国主要木材名称》（GB/T16734—1997）规定：桢楠木材的归类名为楠木本类，包括闽楠、细叶楠、红毛山楠、滇楠、白楠、紫楠、乌心楠等树种；润楠的木材类名，包括有短序润楠、华润楠、细叶楠、红毛山楠、广东润楠、薄叶润楠、尖峰润楠、刨花楠、润楠、广西润楠、红楠、绒楠等。楠属材质普遍比润楠属者优。

二、楠木的分布

（一）分布

楠木主要分布在我国南方。四川是我国楠木的历史分布中心。据我国16世纪的古代农学、植物学、药物学和文学的集大成之作《群芳谱》（作者王象晋1561—1653年)记载："枏生南方，故又作楠，黔、蜀诸山尤多。性坚，耐居水中，今江南造船皆用之。堪为栋梁，制器甚佳"。 楠木古代又称枏木、交让木。李时珍在《本草纲目》中也明确指出了楠木得名之由："南方之木，故字从'南'。 楠木生南方，而黔、蜀诸山尤多"。 《清朝野史大观》记载"楚粤间有楠木，生深山穷谷，不知其岁也"。可见楠木分布于南方，而且历史年代甚为久远。

蔺明林等学者认为先秦时期我国的楠木分布比现在分布区靠北1个多纬度，大致在北纬28°至35°和东经103°至121°的范围内。唐宋时期，由于经济发展，人为不断开采，江南和中南地区的楠木已开采殆尽，楠木分布面积有一些缩小。明清时期，根据周博琪主编的中国古代文化巨著《古今图书集成》所记载，主要分布在四川、贵州、湖南、广西、广东、福建、江西、浙江、云南、陕西。明清时期，从明永乐四年(1406年)至清道光年间共430多年的"木政"活动，采办"皇木"楠木主要在四川、重庆、云南、贵州等地当时楠木

福建政和县东平镇凤头村闽楠古树群，树龄最长的近600年，最大胸径达160厘米以上，树高约38米。被中国经济林协会命名为"中国第一楠木林"

成林面积最大的地区。现楠木分布于四川、贵州、云南、广西、广东、江西、福建、湖南、湖北、江苏、浙江、安徽、台湾，甚至陕南陇南和河南南部都有楠木生长，但大多是散生木，许多楠属植物也沦为濒危或渐危树种。其中闽楠、桢楠、浙江楠、滇楠等楠属植物于1999年8月被国务院列为国家二级重要保护野生植物。

（二）若干树种的分布及生长

1.桢楠　别名楠木、雅楠、光叶楠、巴楠、细叶楠(四川野生经济植物志)、小叶楠，以其材质坚硬而得名。系常绿大乔木，高达40米，胸径达1米。产于我国四川、贵州和湖北、华南、江西、浙江，尤以产于成都平原者为最著名。桢楠在幼年期，顶端生长优势明显，主干苗壮，年高生长量常达0.5～0.8米，胸径可达0.71米。它是中性偏阴性树种，扎根深，寿命长，300龄的树木未见明显衰退。生长速度较慢，50～60龄才进入生长旺盛期。

2.紫楠　紫楠又名黄心楠。常绿乔木，高15～20米，胸径60厘米。紫楠广泛分布于长江流域及其以南和西南各省，多生于海拔1,000米以下的荫湿山谷和阔叶林中，是楠木类中较耐寒的一种。最南分布在中南半岛，最北可达江苏南部。

紫楠与桢楠的区别：一是紫楠活体标本，树心是黄色的，表皮下为紫色，紫楠密度和硬度比桢楠要高1/3左右；二是味道，紫楠的香气为标准的果香底，一闻即知，而且越老越香，如果能有幸闻到黑色近碳化的紫楠料，一定终身难忘，甚至有些极品料被人比肩沉香。香味是辨别紫楠的最重要的一个标准；桢楠由于分布广，其香型多样化，药香、果香、甜香不一而足，总体香味木性较大。

3.闽楠　闽楠是楠属树种中分布最广的树种之一（中国植物志，1983）和经济价值较高的一种，在福建、浙江、江西、湖南、湖北、贵州、广东、广西均有分布。最北可达安徽南部和河南。在福建、江西、广东等省几处自然保护区内天然分布有野生种群。初期生长缓慢，4～5年生进入树高、胸径速生阶段，树高速生期持续到16年左右，胸径速生期持续到20年，树高生长50～60年最快，胸径70～90年生长最快，材积60～90年最快。60～95年间的材积生长量占材积总生长量的89%，表明闽楠具有后期生长快的特性。

4.滇楠　滇楠，生长较快，高达30米，胸径1.5米。树干高大挺直、材质优良，为高级建筑装修和家具用材的重要树种。仅分布于云南南部新平、景洪、打洛、勐海及西部陇川、瑞丽和西藏东南部墨脱等地。

三、福建楠木

（一）楠木树种

福建是楠木树种天然分布区之一，据调查福建现有17个楠木树种。据《中国高等植物（第3卷）》（青岛出版社2000年）、《福建特有树种》（郑清芳主编，厦门大学出版社2014年5月）、《福建省主要森林植物彩色图鉴》（何国生主编，厦门大学出版社2012年12月），其中楠属3种即闽楠、浙江楠和紫楠；润楠属13个种，即红楠、凤凰润楠、绒毛润楠、广东润楠、刨花润楠、薄叶润楠、闽桂润楠、黄枝润楠、建润楠、黄绒润楠、闽润楠、浙江润楠、茫荡山润楠；琼楠属1种，即广东琼楠。其中福建楠属的3个种，即闽楠、浙江楠、紫楠有"金丝"，"金丝楠"木材主要出自闽楠，福建地区出土的部分楠木阴沉木和不少明清时代的楠木旧家具和木料抛光后"金丝"重现。

（二）楠木林

福建楠木天然林分布，较为集中的有：沙县罗卜岩自然保护区的天然林，永春牛姆林自然保护区野生群落，明溪县翰仙乡连厝村野生群100余亩*，林木生长旺盛，顺昌县郑坊乡兴源村22株古树群，树龄约200年，仍然生长旺盛。建阳市、南靖县、浦城县水北渡头、南平宝珠等处均分布有小面积成片天然林。

福建政和县东平镇风头村有片闽楠古树群，相传这片楠木林是宋代村民所植，成林于明朝，面积约105亩，树体高大，成材楠木上千棵，其中树龄最长的近600年，最大胸径达160厘米以上，树高约38米。被中国经济林协会命名为"中国第一楠木林"。福建林学院后山闽楠试验林，24年生，平均胸径为20.2厘米，平均树高16.4米。长势良好。南平来舟林场已有50多年生人工林。闽楠等珍贵树种已在福建省成功推广种植。

（三）楠木古树

较为典型的有：永安市洪田镇生卿村，有一株已生长200年的楠木，当地人称它为"百年神树"。树高30余米，独木成林，胸径1.73米，枝繁叶茂，高大挺拔，遮天蔽日。在漳平市灵地乡西坑村的楠木古树群，胸围超过2米的有30多棵，其中有9棵胸围均在3米以上。浦城县水北街镇翁村后门山，有3株巨大的楠木古树站成一排，枝繁叶茂、干直腰圆，如一家三口肩并肩地守护着山下的村庄，当地群众称之为"吉祥三宝"。其中最大的一株"丈夫"胸径1.73米，树高32.5米，冠幅28.2米，2013年勇夺福建"闽楠王"桂冠。其次一株"妻子"胸径1.5米，树高32.5米，较小一株"宝贝儿子"胸径1.2米。

---

*亩为非法定计量单位，1亩等于1/15公顷。

福建政和楠木古树群

楠木作为我国特有乡土珍贵用材树种与优良观赏树种，集生态、经济、社会、文化、观赏价值于一体。随着人们对珍贵优质木材需求的日益增长以及近年来国内楠木类木材资源紧缺，大力开展楠木等珍稀濒危树种的研究，加强珍稀濒危树种的保护和人工林规模化发展，已引起了福建省各级政府、林业部门和社会各界的重视。有关科研、生产单位在楠木培育、利用研究方面已经做了大量工作，深入开展楠木文化的研究，在推进福建生态文明示范区建设，加快珍贵树种培育、调整木材资源结构，保护珍稀物种都具有十分重要的现实意义和深远的历史意义。

第二章　金丝楠之王者风范

金丝楠神秘而高贵，承载了中国的千年文化，却一直不为大众所知。近年来，随着收藏界对金丝楠的关注，其价值也逐渐被发掘出来，越来越受到重视，金丝楠这个皇家木也从历史中缓步而来，在现代的大舞台上展现着举世无双的魅力，彰显其王者风范。

一、金丝楠之奇，楠香寿人

金丝楠因其品质卓异，盖世独一，被视为"名木"、"神木"。作为木之王者，金丝楠有着其他木材难以比拟的优势所在。

时间不侵，万物不腐。金丝楠具有神奇的耐腐防腐保鲜功能，耐强酸强碱性强，堪称木中第一，埋在地里可以几千年不腐烂，所以皇帝的棺木多采用金丝楠木。晚明谢在杭《五杂俎》中提到：楠木生楚蜀者，深山穷谷不知年岁，百丈之干，半埋沙土，故截以为棺，谓之沙板。佳板解之中有纹理，坚如铁石。试之者，以署月做盒，盛生肉经数宿启之，色不变也。

君子之香，清静透雅。金丝楠散发特有的香味，闻之令人心旷神怡，金丝楠之香，清静透雅。中国自古以来就有"楠香寿人"之说，金丝楠具有静心安神降压的药用效果，楠香怡神养身，久居楠香之地，可以益寿延年。

香溢满室，蚊虫不近。金丝楠木有股楠木香气，古书记载其百虫不侵、驱虫防蚀，其木箱柜存放衣物书籍字画可以避虫，所以皇家书箱书柜都用金丝楠木，可以历经千年而不坏，金丝楠阴沉木置一片地，百步之内，蚊蝇不飞。即使在今天，如有极贵重的书籍和纪

楠木古树群

念品，只要有条件也要用金丝楠木做箱盒加以保存。

冬天触之不凉。金丝楠质地温润柔和，细腻似脂，光滑如绸，有如婴儿之肌肤。宫中常用楠木制作床榻，冬天不凉，夏天不热，益身护体，而其他硬木则不具备此优良特性。同时金丝楠不易变形，很少翘裂，金丝楠作为楠木中最优秀的品种，具有楠木木种的优秀品质，是上好的木材。

天材地宝，中医入药。楠木浑身是宝，除了木材利用以外，其药用价值自古以来也是被高度认可的。古人对金丝楠的木性极为推崇，已知其根、茎、叶可提炼芳油，种子可榨油。李时珍在《本草纲目》中对金丝楠的药用价值有详细记载，提出金丝楠可单独入药或与其他中草药相配，具有医治霍乱、胃病、中耳炎、脚气等疾病之功效。

金丝楠是一种很奇妙的树种，它能感知阴阳交替和气候变化，随着时间流逝、岁月积淀，而越发的流金溢彩、温润如玉，在时光的打磨中熠熠生辉，"天地至美"，莫过于此。

二、金丝楠之美，金光璀璨

金丝楠因其纹理细密瑰丽，精美异常，金丝闪耀，辉煌无匹。金丝楠纹理复杂多样，在不同颜色、不同强弱的光线照耀下有不同的视觉美感；纵使光源固定，从不同角度欣赏也有全然不同的观感。金丝楠的美是流动的、立体的、纵深的，移步换影，光影摇曳，令人心醉神迷。

金丝楠的纹理丰富多变，木分为阴阳两面，在不同角度呈现不同颜色，加上它特有的移步换影之感，使之在成为木材品种中独树一帜，其价值与纹理也是成正比的，纹路越漂亮越稀少，其价值就越高。目前普遍认知的纹理有35种，大致分为四个级别：普通级、中等级别、精品级、极品和珍品。普通级别的纹路有：金丝纹、布格纹和山峰纹。金丝纹，纹理成细丝状，条条金线，清晰流畅，木材表面在阳光下金光闪闪，金丝浮现，有一种尊贵的高雅气息；山峰纹，由三角状线条在金丝楠木板面上构成的一座座形似山峰的图案，山峰崎岖陡峭，高耸入云，俨然一副展开的美丽的山水画卷，行云流水，自然天成，美不胜收。

中等级别的纹路有：普通水波纹、新料黑虎皮纹、金峰纹及形成画意的峰纹等。精品纹理有：老料黑虎皮、金虎皮纹、金线纹，金锭纹、云彩纹、水滴纹、水泡纹等。

水波纹

水波纹，纹理如同微风轻抚静谧的湖面而荡起点点涟漪，动静相宜。流动的水波，灵静而自然，加之金丝楠金光闪耀的色泽，更显妩媚动人；

羽翼纹

羽翼纹，羽翼原意为翅膀。宋苏轼《谢秋赋试官启》："翻然如界之羽翼，追逸翮以并游；沛然如假之舟航临长川而获济"。金丝楠木中的羽翼纹纹理舒展绚丽，如同翱翔天际雄鹰的翅膀，向外扩展酷似羽毛，故由此得名。

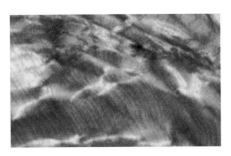

雷电纹

雷电纹，其状酷似自然界中的闪电，摄人心魂，壮阔惊险。雷电时出自大自然的手笔，它既不浮夸又不造作，它是自然界赋予人类的一幅艺术品，时而让人沉醉在金丝楠木的无限遐想里，时而又在告诉人们它的威严与无情。

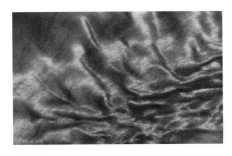

火焰纹

火焰纹，其状如火，火焰四射，妖娆而雄壮，火焰给人以温暖，热情之感，磅礴大气，豪放奔放。波纹向两侧散开，富有规则，形似火焰，金黄色火焰沁人心脾，火焰纹纹理独特，画面富有极强的感染力，让人难以抗拒。

瘿子

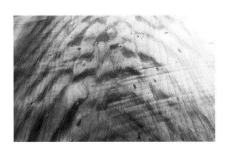

虎皮纹

虎皮纹，虎皮纹是乾隆皇帝的最爱，纹理分布和虎皮纹路一样，清晰有层次感。有此纹理的金丝楠木常常在大件家具中应用，远观之犹如一只色彩斑斓静卧的猛虎。品相威严大气，深得大众喜爱。

极品水波

极品纹理水波和极品波浪纹、凤尾纹、密水滴、金菊纹、芝麻点瘿木、丁丁楠云朵纹等。珍品纹理有：龙胆纹、龙鳞纹、金玉满堂纹、玫瑰纹、葡萄纹瘿木和形成美景、鸟兽图案的纹理。

水泡纹

水泡纹，晶莹通透，纹理生动成不规律的水泡状，有这种纹理的金丝楠木底色通透，纹理有立体感，透彻澄明，光线照射下纹理波光流动，景象变幻莫测，每个角度都不一样，呈现出一步一景、步移景换的幻影效果，堪称金丝楠木之中的极品。

瘿子

瘿子，又称为影子木。《格古要论》记载："瘿，树瘤也、树根。"简言之就是树生长的过程中出现病变虫害或其他原因结出的树瘤。其纹理特殊，有旋转的细密花纹，金丝楠木瘿木不仅具形态之美，更有隐隐传来淡淡木质清香，沁入心扉，让人心旷神怡之感，具有很高的收藏价值。

大波纹，堪称金丝楠木纹理之极品。形状惊涛骇浪，金丝细腻又犹如江南绸缎，既有波浪壮阔的气势，又有妩媚迷人的视觉冲击，移步换影，美轮美奂，立体十足，琥珀感强，世间少有，实为收藏极品。

云彩纹，其纹理比水波纹小，像一朵朵云彩，且不规则，有的则像电闪雷鸣，价值较水波纹高。

金丝楠变化莫测的纹理的形成十分偶然，古人有云："天将降大任于斯人也，必先苦其心志，劳其筋骨，饿其体肤，空乏其身"，金丝楠的成材亦如此。事实上，金丝楠的那些漂亮的纹理都来源一些极其少见的意外状况，包括一些常见的纹理水波、树瘤、龙胆、凤尾等，这些纹理都是因为气候恶劣，木体本身受到自然因素的侵害而形成的一种突变，如：山体滑坡、泥石流石头撞击，洪水和自然灾害，才会造成树干或根部出现上述多种情况的形成。一般来讲金丝楠木主干和树枝不会有以上的纹理，通常都是顺纹。金丝楠的纹理的美是任何器物无法比拟的，哪怕是其许多名木在此等美纹面前也黯然失色，拥有众多人造花纹无法效仿的风姿，如诗如画，精美绝伦！

三、金丝楠之贵，华丽至尊

楠木早期的记载见于《诗经·终南》"终南何有？有条有梅"，《尔雅》称"梅楠"，陆玑解释说："梅自是楠木，似豫章者，豫章大树所谓生七年而可知。陈文帝尝出楠材造战舰，即此楠也。"

宋人罗愿《尔雅翼》称："楠，大木也，可以为舟，故古称梗、楠、豫章，以为良木之类。任昉《述异记》曰：'黄金山有楠木，一年东边荣，西边枯；一年西边荣，东边枯'。张华云：'交让木'。宋子京云：'让木即楠也，其木直上，柯叶不相妨，蜀人号让木。'《南史·陆慧晓传》亦云：'此木便是交让。'"

用楠木制作陈设器物也是所有木材中最理想的，制作器物时，可用整块木料，如大案、宝座、屏风等，并不一定使用包镶技术，这样更容易发挥工匠的手艺和造形流畅的美感。在元代，宗庙用的祝册是用楠木制作的缕金云龙匣盛装的，《元史》记："祝册，亲祀用之。制以竹，每副二十有四简，贯以红绒绦。面用胶粉涂饰，背饰以绛金绮。藏以楠木缕金云龙匣。"又据元人陶宗仪《辍耕录》记载，香阁的御榻、床皆楠木制成："后香阁一间，东西一百四十尺，深七十五尺，高如其深。阁上御榻二，柱廊中设小山屏床，皆楠木为之，而饰以金。寝殿楠木御榻，东夹紫檀御榻，壁皆张素画，飞龙舞凤。西夹事佛像，香阁楠木寝床，金缕褥，黑貂壁幛。"

明代从嘉靖以后，奢靡之风盛行，明人范濂在《云间据目抄》中说："兼之嘉隆以来，豪门贵室，导奢导淫。"但最奢侈的还是皇宫，宫殿中大量使用楠木制作的各类器物，非豪门贵室所能比拟。清代皇宫亦然，它不仅承袭了明代遗留下来的大量的楠木器物，还不断地根据帝王自身的喜好制作楠木器物，以供玩赏，到乾隆时已登峰造极，琳琅满目，充满了各个皇室宫殿。

除了使用大架楠木构建宫殿外，内檐装修亦使用楠木。用楠木装修是所有木材中最理想的，它可以使用整块木料雕琢成形，同时也可以使用包镶技术，不像用紫檀木作大型装修时只能使用包镶技术，楠木装修整体感优越。大多数楠木装修保持着本色，当阳光穿过窗户射到楠木花罩上时，金光满堂，更使宫殿显得华丽尊贵。明代宫殿大部分都被火烧毁，室内装修留下来的少之又少，而清宫档案则详细地记录了用楠木装修的宫殿，楠木隔扇、落罩、栏杆、窗、地平等精美华丽。福州三坊七巷元明清时代古建筑群至今仍保留有多处以楠木作为装修之用的民居，已列为文物保护单位。

金丝楠家具套件

第三章　金丝楠与皇室贵族

一、皇室宫殿修造

乾隆元年（1736年），刚刚即位的乾隆帝就开始了改造养心殿和改建潜邸重华宫的工程，这两项重要的工程中，使用了楠木装修，如安装楠木隔扇和楠木窗，制作楠木床榻等。关于乾隆时期用楠木装修宫殿的记载如下：乾隆二年（1737年）十二月二十五日七品首领萨木哈来说太监毛团传旨：养心殿后殿明间着安楠木栏杆一槽。乾隆三年（1738年）四月初二日首领冠明来说太监毛团传旨：弘德殿拆出装修，着送往圆明园。钦此。于本月十五日木匠毕尔康将弘德殿拆出楠木包镶床三张，横楣二扇，罩腿四扇，坎窗八框，俱往圆明园工程档房交讫。乾隆三年（1738年）十二月初八日司库刘山久七品首领萨木哈来说太监胡世杰传旨：乾清宫东暖阁楼上着添做楠木格四架，西暖阁楼下亦添做楠木格五架，旧格四架改做门洞，板二块，鱼垫板二块，门斗上添二块，飞罩二架，满铺地平板，先画样呈览，准时再做。乾隆四年（1739年）十二月十八日员外郎常保来说太监毛团传旨：养心殿后殿五间穿堂柱木槛框板墙护墙俱用楠木包镶，再内里装修等俱各收拾添做见新，再拆下松木板墙，楠木包镶床并罩腿俱交常保，圆明园有用处用。乾隆八年（1743年）十一月十五日催总花塞来说太监胡世杰传旨：延春阁二层踏跺处面阔板一槽，两边门口俱各拆去，将前檐葵花落地罩移在后檐安设，添做楠木笔管栏杆一扇，着动用造办处钱粮。

乾隆时期最大规模地使用楠木装修宫殿是乾隆三十五年至四十四年（1770—1779年）

修建太上皇宫宁寿宫时，很多宫殿都被楠木装修所笼罩，有天花、板墙、门、床、方窗等。古华轩内添安楠木天花估需工料银一千二百九十两七钱。养心殿仙楼上下包镶楠木柱子、槛墙板，楠木包镶柜格一座，窗桶四座，楠木栏杆二扇。乐寿堂续添包镶楠木板墙二槽，楠木镶门桶门口十一座，楠木包镶暖床三张，楠木镶方窗桶一座，楠木槛窗一槽。景祺阁添安楠木镶门桶三座，楠木别凳四张。阅是楼安楠木方窗一槽，楠木镶门口三座，楠木包镶床三张。楠柏木飞罩一槽，方窗三座。景福宫安楠柏木包镶床一张。梵华楼安楠木贴落假柱子二根。遂初堂东配殿安楠柏木落地罩二槽。萃赏楼安楠木镶真假门口九座。玉粹轩安楠木佛座一道，方窗一座。楠木镶门口三座，后檐方窗二座。符望阁安券门楠木门头花八块，倦勤斋安楠木镶门口十三座，圆光窗一座。

乾隆五十至五十二年（1785—1787年），开始对明陵进行一次较大规模的修葺，乾隆就利用这次机会盗墓，偷梁换柱。这次修葺，项目不全，且未尊原制，有的建筑还被拆除或缩建，"拆大改小十三陵"。乾隆因为看上了朱棣长陵祾恩殿的金丝楠木大柱，这才降旨修明陵的，企图将长陵大殿拆毁。经刘墉、纪晓岚等人的劝阻，乾隆皇帝才放弃了拆长陵的念头。但他不死心，仍命人拆毁了永陵的大殿，换下该殿的楠木，用于建设自己的裕陵。

乾隆五十五年（1780年）十一月初一，太监梅进宝来说总管张进喜传旨：盘山农乐轩前抱夏东间用楠木板横披一面，琴狭亭内天井内东托枋上用楠木板横披一面，洁文榭敞厅廊内南间用楠木板横披一面，俱着造办处成做，得时交武英殿刻字随托钉挺钩安挂。

乾隆之后，用楠木装修宫殿已捉襟见肘，只是零零星星地进行一些改动。同治九年（1870年）二月二十六日，太监张得禄来说，圣母皇太后下太监刘生传旨：静怡轩内前后檐窗户并东西两山成做楠木纱屉窗十一槽，共计四十四扇，其上节屉糊白露纸，下节屉安广片玻璃糊高丽纸，里外齐口，留缝再添做楠木支窗拐子二十根杉木，油红油，支杆八根，随钱叉子铁挺钩十二根，护眼四十份。光绪十四年（1888年）八月二十三日，总管张荣春口传奉旨：春藕斋交后檐门口添安楠木边框玻璃窗风隔扇二槽，高六尺四寸五分。

金丝楠木在古代建筑中被皇家广泛应用在修建宫殿和修葺陵墓上，宫殿建筑如明永乐时期修建的太和殿，是永乐皇帝派其心腹在全国各地采办金丝楠而得，后世以"入山一千，出山五百"来形容当时进山采伐金丝楠的危险；澹泊敬诚殿，这是诚德避暑山庄的正殿，乾隆时期用楠木改建，不施彩绘修饰，保持楠木本色；恭王府锡晋斋，原是权臣和珅的宅邸，是和珅权倾天下的一个铁证，他僭越了皇家建筑规格，在修建锡晋斋时使用金丝楠木，内部装饰仿造紫禁城宁寿宫乐寿堂的样式，金砖漫地这也是嘉庆帝处死和珅所列的罪状之一。坛庙陵寝如天坛祈年殿，祈年殿由28根楠木巨擘支撑，无大梁长檩、铁钉固定，建筑独特，匠心独运，是北京市区最为高大的古代建筑之一；太庙，明永乐年间修建，采用了大量的金丝楠木，其中享殿是太庙中最具特色的金丝楠宫殿，由68根金丝楠大木和梁枋构建，建筑品质和文物价值堪称一绝。此外，明长陵、永陵、定陵、慕陵等都采用金丝楠修建，为此，还引发如前所述的乾隆盗墓一说。还有一些庙宇，如北京北海的大慈真如宝殿、四川绵阳报恩寺、江苏无锡昭嗣堂等。

历经百年岁月不曾腐朽、历久弥新的金丝楠木，以其质地坚硬细密、温润柔和，在中国建筑中，一直被视为最理想、最珍贵、最高级的建筑用材。

二、明清时代的"木政"活动

明代起，皇家专门有金丝楠木置办的部门，当时各地官员将进贡金丝楠木当成头等大事，官员进贡金丝楠木可作为业绩考核和晋升的标准，平民进贡一根金丝楠木即可做官。明清两代自永乐四年(1406年)明成祖朱棣肇建北京行宫，命工部尚书宋礼入川督木，至道光年间清廷迫于内忧外患，不得不罢默采办皇木之议约400多年，单在四川采办"皇木"就达23次，运走"皇木"超过53,000根（块），耗银在1,000万两以上。

明清时期，金沙江下游两岸的崇山峻岭之中古木参天，覆盖着大片大片的原始森林，其中不乏珍贵树种桢楠等，均为宫苑建筑的上乘木料。据《屏山县志》记载，该县老君山桢楠树为明清两代宫廷金柱(擎天柱)的御用材。明太祖洪武十二年(1379年)，地方官即将老君山珍贵树木作为贡品向皇室进贡。

明代洪武年间，据《永善县志》记载，朝廷专员来到盛产楠木的云南永善县新田乡，将方圆数百里的楠木林封为"官林"，并在每一棵成材楠木上都烙上官印，称为"皇印"，还将新田乡改称"官地"，烙过印的树称"皇木"，禁止百姓采伐。

明嘉靖二十年(1541年)开始，除继续在今新田乡、马楠等地采伐楠木外，又在今关河、白水江一带采伐巨大的香杉木。明万历十一年至十三年(1583—1585年)，因建慈宁等宫，在今永善县北部的细沙乡采办"一号香杉"。据《明史·食货志》记载：万历二十四年三殿兴工，采楠杉诸木费银930余万两，征诸民间，较嘉靖年费更倍。此次约由金沙江两岸采木5,600根左右。

负责采办"皇木"的官员长期跋山涉水、风餐露宿，确实也是苦不堪言。今云南水富县境内有一小地名叫做"累官员"，可资佐证。此外，明清时期，在金沙江下游地区进行的"皇木"采伐活动，还有两处极为珍贵的历史遗迹，这就是位于今云南省昭通市盐津县滩头乡界牌村营盘社龙塘湾的两处明代摩崖题刻，均自右至左直书，其一为明洪武八年（1375年）伐植楠木，直书七行；其二为明永乐五年（1407年）拖运楠木，直书五行，皆为修建宫殿备料纪实，原文如下：

"大明国洪武八年乙卯十一月戊子上旬三日，宜宾县官部领夷人夫一百八十名，砍剁宫闭香楠木植一百四十根。大明国永乐五年丁亥四月丙午日，叙州府宜宾县官主簿陈、典史何等部领人夫八百名，拖运宫殿楠木四百根。"这两处摩崖石刻对研究明清时期在金沙江下游地区的"皇木"采伐活动具有重大的史料价值。

清康熙六年（1667年），工部议修太和殿，需用大楠木，请奏要四川、湖广等处督抚，稽查现有采就木植或山中可采木植的长径尺寸、根数，确估采运木材所需钱粮，并限蔽到后两月内将上述情况报部酌议。

四川巡抚张德地接文后，亲自至马湖府一带考察，题报三疏备陈采木艰险，称"栋梁巨材，各箐之中，大约皆可采办"，"但其箐之大者，周围有五、六百里：其小者，亦有一、二百里"。因为明代连年采伐，离溪水、河流近处容易移运的木材已基本伐光，"若百里之外者，山势愈峻，道路愈险，虽有大木，无可如何矣"（《四川通志·木政》）。但康熙八年（1669年）三月，张德地还是采得楠木80根送到北京。康熙十八年（1679年）十二月初三日，太和殿发生火灾。为兴修太和殿，二十一年（1682年）九月，清廷令"户部郎中齐稿往四川，采办楠木"。二十二年(1683年)，工部下令"采楠杉二木郎中齐稿会同四川巡抚杭爱踏勘"，并命"各官捐俸采运"。工部下达四川的任务是：楠木4,503根、杉木4,055根。齐稿等人查勘后回奏朝廷："马湖等府之楠木大材，产诸高山穷谷、老箐密林之中，非独人迹不到，即鸟道也稀"。非但采伐不易，即使踏勘也极为困难。

"杭爱登山(屏山县老君山)督察时，遥望一木所在，必牵拽始至其地。足服履穿，攀藤骨战，侧身也苦难立"。(《四川通志·木政》)其时随同齐稿、杭爱前往老君山踏勘的马湖知府何源于蜀下南道，条陈五事，极言采伐、运输之艰难：楠木皆生于深山穷谷、大警峻坂之间。当砍伐之时，非若平地易施斧斤。必须找厢搭架，使木有所倚，且便削其枝叶。多用人夫缆索维系，方无坠损之虞。有时竟需搭天桥长至三百六十余丈，此砍木之难也。

"拽运之路，俱极险窄，空手尚苦难行，用力最不容易。必须垫低就高，用木搭架，非比平地可用车辆。上坡下坂，辗转数十里或百里，始至小溪。又苦水浅，且溪中皆怪石林立，必待大水泛涨，漫石浮木，始得放出大江。然木至小溪，以泛涨为利；木在山陆，又以泛涨为病，此拽运之难也。"据此，何源请求清廷停办此项差事。又新任四川巡抚姚缔虞熟悉蜀中情形，陛辞之日面陈采木困难，康熙帝命其赴川后再行亲查。姚查实后仍报采木之不可。恰好四川松茂道王陆升口北道，入勤之日亦为停止采木之事面奏康熙帝。康熙二十五年(1686年)，康熙帝终于决定停止四川采木(见《省献类征·卿贰王陆国史馆本传》及嘉庆《宜宾县志·木政)。但雍正、乾隆时期，又开始在金沙江下游地区采伐"皇木"。雍正四年(1726年)，令四川巡抚宪德等遴员采办大楠木。

据《四川通志·木政》记载，自雍正六年至十一年(1728—1733年)，共采楠木1,738

件半，"实用银一万七千四百四十两五钱六分零"。又据《四川通志》卷七十一引清《王德元疏略》："自(乾隆)八年起至十四年(1743—1749年)止，共办圆方楠木二千零二十八件"，"(乾隆)三十年四川总督阿尔泰进正楠木二十根，余木两根，富顺县宰、屏山巡检运送进京，送至圆明园交收"。

"乾隆三十年(1765年)又于屏山县、雷波县等处采办大楠木三十六根……运进京，送至圆明园签收"。此外，乾隆三十年(1765年)，四川总督委托叙州知府、巴县知县在屏山县高竹坪等处采办大楠木36根运送圆明园。乾隆三十二年(1767年)，朝廷以廷寄，令采办天坛望灯杆3根，由沪州通判到云南永善县洗马溪采办多根。乾嘉时还有几次采办，天坛、地坛望灯杆等所用楠木，均采自永善、雷波一带，每次数根而已，其规模已大不如前。道光朝建造慕陵各殿，虽纯用楠木，但史料和档案中少见令地方官采办的记载。从此大规模的宫殿营建停止，工程用木自然减少。咸丰以降，宫中工程逐渐改由招募社会上的厂商承接，采木转由厂商到市场采购，并开始大量采用东北松木。至此，进行了数百年的明清"木政"活动终于废止。

三、锡晋斋的楠木故事

坐落在北京什刹海西南角的恭王府，是现存王府中保存最完整的清代府邸，其前身为乾隆朝权臣和珅和嘉庆帝的弟弟永璘的私宅，关于此宅还有一则十分有意思的故事。

和珅，清朝著名权臣，也是中国历史上的巨贪之一。原名善保，字致斋，曾在乾隆朝时兼任多职，封一等忠襄公，任首席大学士、领班军机大臣，兼管吏部、户部、刑部、理藩院、户部三库，还兼任翰林院掌院学士、《四库全书》总裁官、领侍卫内大臣、步军统领等职，在乾隆时期可谓是叱咤风云，占据着一人之下万人之上之尊，极得乾隆帝的宠爱。作为权臣，和珅能揽大权而不被乾隆所忌，足以见和珅的智慧超群，事实上和珅此人也是才华横溢，能力过人，处事果决。乾隆并不是昏君，正因为和珅在政治上表现出了过人的才华，他才能容忍和珅在他认为不威胁他皇权统治的范围内为所欲为，和珅也在这样的纵容下成为了清朝历史上资产最多的官员。

恭王府的精品之作当属高大气派的锡晋斋，建造时和珅特意派人去考察了故宫的建筑，然后命令工匠完全仿照紫禁城宁寿宫乐寿堂的样式盖了"大屋中施小屋，小屋上架小楼"的仙楼，在工艺方面也像乐寿堂一样楠木隔扇、隔断分隔，回环四合的格局。外面看为一层，但实为两层，精巧异常。屋内隔断全部用金丝楠木建造，金砖漫地，超越了臣子应有的建筑规格，成为了和珅后来的罪名之一。

嘉庆四年，和珅风光的一生戛然而止，他的大靠山乾隆帝的薨逝，把他逼到了悬崖的边缘。乾隆帝一驾崩，他的儿子嘉庆帝永琰立马开始处置这个他早已看不惯的嚣张跋扈、玩弄权术的朝廷蠹虫，在和珅的众多罪状中，金丝楠的非法使用也被列入其中。和珅被赐自尽。其二十条大罪中的第十三条称："昨将和珅家产查抄，所盖楠木房屋，奢侈逾制，其多宝阁及隔断样式，皆仿照宁寿宫制度。其园寓点缀，竟与圆明园蓬岛瑶台无异，不知是何肺肠!"这座"楠木房屋"指的就是锡晋斋。和珅死后，其家产和家宅被查抄充公，这座著名的华丽之宅也被嘉庆帝赐予他的弟弟恭王永璘作为府邸。

金丝楠家具套件

第四章 金丝楠与文人墨客

金丝楠常年郁郁葱葱，枝干挺拔正直，风霜不欺，连时间也无法动摇其本质，其木不腐不蚀，与文人雅士所追求的至高的思想境界和生活态度高度吻合。

淡香悠远，从古至今君子就爱香，尤其是像楠木这种似有还无，不做作，优雅含蓄的天然之宝，更是君子偏爱的对象，也成为了文人自比和讴歌的对象。

一、杜甫的楠之情

杜甫，作为中国唐诗史最伟大的诗人之一，是中国家喻户晓的"诗圣"，其诗被誉为"诗史"，他忧国忧民，人格高尚，诗意精湛，其诗贴近社会生活，反映民间疾苦，受到历朝历代文坛的高度评价。生活在唐朝社会经济日渐式微的时代，杜甫看遍了人间疾苦，政治黑暗，尤其在他的晚年，潦倒困苦的生活更是让这位伟大的诗人郁郁寡欢，品尝到报国无门的痛苦，唯独门前的那棵楠木，矢志不渝的气质寄托了杜甫心中那不灭的爱国情、凌云志。

很多人认识杜甫，是从他那首《茅屋为秋风所破歌》开始的。而杜甫的《楠树为风雨所拔叹》："倚江楠树草堂前，故老相传二百年。诛茅卜居总为此，五月仿佛闻寒蝉。东南飘风动地至，江翻石走流云气。干排雷雨犹力争，根断泉源岂天意。沧波老树性所爱，浦上童童一青盖。野客频留惧雪霜，行人不过听竽籁。虎倒龙颠委榛棘，泪痕血点垂胸臆。我有新诗何处吟，草堂自此无颜色。"余音绕梁千余年，委婉缠绵而又感慨万千，那棵在风雨中怒吼、竭力抗争的楠木，让杜甫在风雨中看到了自己，他"诛茅卜居"，建自己的草堂，静坐可听风，一壶浊酒恰是他末年在潦倒找寻的些许惬意的生活。在这楠树的荫庇下，杜甫曾有过非常写意的生活。然而，突来的风雨侵蚀了所有的宁静和幸福，巨楠在狂风暴雨中轰然倒下，就像那繁华的盛世唐朝在安史之乱中分崩离析，他哀苦，他惆怅，却无能为力，只能眼睁睁地看着它倒下，似乎他能看见一个朝代走向末路。他愤懑怀才不遇，他痛苦民生不济，他只有文人的那些气节和人格力量，可这些却救不了这个国家，这个社会。

他的另一首名为《高楠》的诗中咏唱的古楠，诗说："楠树色冥冥，江边一盖青。近根开药圃，接叶制茅亭。落景阴犹合，微风韵可听。寻常绝醉困，卧此片时醒。"诗圣酒量肯定没有李白高，但他知道这楠树护着他，所以他也不怕喝斜了；这老者会给自己种点应急用的花花草草，因为他知道楠树也会给这些小生命一样的荫庇。闲来，他躲进冥冥树色中，聆听微风与老楠轻轻的和鸣；诗情兴起，或许他就靠躺在楠树头吟哦，"沧波老树性所爱，浦上童童一青盖"。可惜，风风雨雨还是无情，动地而至，江翻石走，这楠树竟无法再为杜甫守住那一片静土。

杜甫还有一首《枯楠》，按照杜甫的描述，这枯楠是历尽沧桑的了："楩楠枯峥嵘，乡党皆莫记。不知几百岁，惨惨无生意。上枝摩皇天，下根蟠厚地。巨围雷霆坼，万孔虫蚁萃。冻雨落流胶，冲风夺佳气。白鹄遂不来，天鸡为愁思。犹含栋梁具，无复霄汉志。良工古昔少，识者出涕泪。种榆水中央，成长何容易。截承金露盘，袅袅不自畏。"这诗的主体不在痛惜枯楠，而在于借题喻人，由此看来应该是杜甫自伤遭遇的歌。这是杜甫的自我咏叹，大材如楠不被重用，贱材如榆却被奉为良才，杜甫自喻自伤，痛诉着对时政的不满。

  杜甫一生诗词众多，虽仅存三首咏楠诗，但字字句句凸显其钟情之意。而这三首咏楠，恰恰可以是文人心中对楠的礼赞，直而不屈的节操，过人的才华，这就是文人墨客心中一直追求的境界。

金丝楠罗汉床

二、严武的楠之节

严武，字季鹰，华州华阴人。据《旧唐书》载，其人"神气隽爽，敏于闻见。幼有成人之风，读书不究精义，涉猎而已。"生于唐玄宗开元十四年，是唐朝戍边大将。严武是诗圣杜甫的至交好友，品性高洁，与杜少陵志趣相投，但与杜甫不同，严武领兵带将才华过人，在官场上仕途平顺。20岁，严武便调补太原府参军事，后陇右节度使哥舒翰奏充判官。安史之乱发生后，严武随肃宗西奔，参与了灵武起兵，随后一直平步青云至侍御史、京兆尹。之后他奉命驻守西南，立下屡屡战功。

严武虽为武将，却善写诗，有人认为其诗极得杜甫风韵。一次到访四川巴州光福寺，寺前那株千年老楠顿时震撼了他的心弦，那颗愿为社稷不辞辛苦的心像是得到了共鸣。"看君幽蔼几千丈，寂寞穷山今遇赏。"兴趣不俗，骨气亦尽高。蜀中树木绮丽，楠木为之冠。严武在《题巴州光福寺楠木》不吝笔墨，写尽楠木卓尔不群的风骨，身姿高大伟岸，生寂寞之处而不坠青云之志，偶觅知音，惺惺相惜，故以诗歌相赠。

"高枝闹叶鸟不度，半掩白云朝与暮。"严武志向高洁，自信绝伦，金戈铁马中一展所长，即使被贬，一样志怀高远。有才之人谓之栋梁，高志之人赞其松柏，严武是唐末战场熠熠生辉的大将，他兼具了楠木的气质和松柏的风骨，或许像他这样的人，战场才是他的归宿。多年后严武在驻守边疆的战场上殒命，大唐至此又损一员大将，是否在预示曾经那个辉煌的盛世之唐正走向陨落的命运呢？

三、陆游的楠之志

在中国文坛的璀璨星光中，陆游那充沛的爱国情几乎成为了他的标识。陆游，南宋著名爱国诗人、词人，字务观，号放翁，他从小在饱经战乱的生活感受中受到深刻的爱国主义教育，深受爱国思想的熏陶，一生致力于北伐，却屡受打压，郁郁而不得志，他的忠君爱国思想充斥在他文学作品的字里行间，他游宦一生，命运坎坷，但在辗转流离间，始终不变的只有他的那一腔爱国情。

陆游是中国古代文坛中少见的高产文人，曾自言"六十年间万首诗"，他的诗篇大多张扬着自己抗金杀敌的豪情和对敌人、卖国贼的仇恨，风格雄奇奔放，沉郁悲壮，洋溢着强烈的爱国主义激情。有我们所熟知的那首《示儿》："死去元知万事空，但悲不见九州同。王师北定中原日，家祭无忘告乃翁。"

陆游与楠的感情相当复杂，倒不是在喜恶里的徘徊，而是介于出世与入世间的无奈。寄情山水，怀抱的总是闲适与浪漫，处自然之侧心旷神怡，"檐角楠阴转日，楼前荔子吹花。"清旷淡远的田园风味，陆游身处江湖之远，与楠树落花为伴，却在楠树的风景中看见了自己，从而诗意盎然，他对楠木的歌颂赞叹从来不惜溢美之词，可见其对楠木的喜爱之情。黑云压黄昏，催走夕阳留在世间最后的光明，在忧郁的鹧鸪声里，陆游望着那在黑夜中高耸笔直的楠木，在这棵栋梁之木的身上，他看到一个郁郁不得志的自己，那份豪情壮志，那份报国的渴望，他做梦也没能忘怀，"乡梦时来枕上，京书不到天涯"。山水田园终不是他心中的理想归宿，用一句轻描淡写的"闲院自煎茶"又怎能宽慰自己那颗跳动的爱国心呢！

陆游一生中以楠木为主题的作品不乏少数，楠木承载了陆游的壮志凌云，也承载了他的坎坷流离。陆游在《晚步》中写道："徘徊楠阴下，赏此落日明。著书亦何急，寂寞身后名。"落日余晖，楠木葱郁，楠荫庇护着陆游生活的平静安逸，然而陆游用诗唱尽他心中的苦楚，多少无奈，多少忧愁，这不是他追求的理想。男儿当自强，或忧天下之忧，或金戈铁马，深藏功与名，这才是陆游穷尽一生也未能实现的抱负和理想。把被贬谪的哀思和郁郁不得志的愁苦寄托在楠树的身上，编织成一个属于楠木的诗意空间，唱出陆游无处报国的愤懑。作为唐宋时期现实主义爱国诗人的杰出代表，陆游借楠木抒发了自己壮志难酬的悲凉和无奈，不是平淡是无奈，不是闲适是放逐。

陆游生活的南宋是一个"国不兴军不振"的时代，爱国热情强烈，壮志豪情满怀的他，除了在笔墨中倾吐满腔的抑郁外，面对羸弱的朝廷，腐败的朝政，他无能为力。楠木在陆游的诗中随处可见，如：《携瘿尊醉梅花下》中，"楠瘿作尊容斗许，拥肿轮囷元媚妩；肯从放翁来住山，谁云置身不得所？"《忆昔》里提到，"忆昔浮江发剑南，夕阳船尾每相衔。楠阴暗处寻高寺，荔子红时宿下严。"《春近山中即事》中谈及："乞得松楠手自栽，结茅聊喜避风埃"；《寄题吴斗南玩芳亭》中叙述了他对楠的不舍，"无奈生涯今已别，数家鸡犬自成村"，等等。陆游爱楠恋楠之情溢于言表，楠木在他的笔墨中生长，郁郁苍苍，楠是陆游的化身，是他的情感寄托，是他的寄愿，是他一生无法实现的理想演化的意象，绽放在诗中，挺拔而坚毅地成长。

第五章　金丝楠之诗书画

一、楠木诗词选录

出郴山口至叠石湾野人室中寄张十一　王昌龄·唐

楮楠无冬春，柯叶连峰稠。阴壁下苍黑，烟含清江楼。

景开独沿曳，响答随兴酬。旦夕望吾友，如何迅孤舟。

叠沙积为岗，崩剥雨露幽。石脉尽横亘，潜潭何时流。

既见万古色，颇尽一物由。永与世人远，气还草木收。

盈缩理无余，今往何必忧。郴土群山高，耆老如中州。

孰云议舛降，岂是娱宦游。阴火昔所伏，丹砂将尔谋。

昨临苏耽井，复向衡阳求。同疢来相依，脱身当有筹。

数月乃离居，风湍成阻修。野人善竹器，童子能溪讴。

寒月波荡漾，羁鸿去悠悠。

答韩十八驽骥吟　欧阳詹·唐

故人舒其愤，昨示驽骥篇。驽以易售陈，骥以难知言。

委曲感既深，咨嗟词亦殷。伊情有远澜，余志逊其源。

室在周孔堂，道通尧舜门。调雅声寡同，途遐势难翻。

顾兹万恨来，假彼二物云。贱贵而贵贱，世人良共然。

巴蕉一叶妖，荙葵一花妍。毕无才实资，手植阶墀前。

梗楠十围瑰，松柏百尺坚。罔念梁栋功，野长丘墟边。

伤哉昌黎韩，焉得不迍邅。上帝本厚生，大君方建元。

宝将庇群盺，庶此规崇轩。班尔图永安，抡择期精专。

君看广厦中，岂有树庭萱。

登嘉州凌云寺作 岑参·唐

寺出飞鸟外，青峰戴朱楼。搏壁跻半空，喜得登上头。

始知宇宙阔，下看三江流。天晴见峨眉，如向波上浮。

迥旷烟景豁，阴森棕楠稠。愿割区中缘，永从尘外游。

回风吹虎穴，片雨当龙湫。僧房云濛濛，夏月寒飕飕。

回合俯近郭，寥落见远舟。胜概无端倪，天宫可淹留。

一官讵足道，欲去令人愁。

高 楠 杜甫·唐

楠树色冥冥，江边一盖青。近根开药圃，接叶制茅亭。

落景阴犹合，微风韵可听。寻常绝醉困，卧此片时醒。

楠树为风雨所拔叹 杜甫·唐

倚江楠树草堂前，故老相传二百年。诛茅卜居总为此，五月仿佛闻寒蝉。

东南飘风动地至，江翻石走流云气。干排雷雨犹力争，根断泉源岂天意。

沧波老树性所爱，浦上童童一青盖。野客频留惧雪霜，行人不过听竽籁。

虎倒龙颠委榛棘，泪痕血点垂胸臆。我有新诗何处吟，草堂自此无颜色。

枯 楠 杜甫·唐

梗楠枯峥嵘，乡党皆莫记。不知几百岁，惨惨无生意。

上枝摩皇天，下根蟠厚地。巨围雷霆坼，万孔虫蚁萃。

冻雨落流胶，冲风夺佳气。白鹄遂不来，天鸡为愁思。

犹含栋梁具，无复霄汉志。良工古昔少，识者出涕泪。

种榆水中央，成长何容易。截承金露盘，袅袅不自畏

楼 上 杜甫·唐

天地空搔首，频抽白玉簪。皇舆三极北，身事五湖南。

恋阙劳肝肺，论材愧杞楠。乱离难自救，终是老湘潭。

题巴州光福寺楠木 严武·唐

楚江长流对楚寺，楠木幽生赤崖背。临谿插石盘老根，苔色青苍山雨痕。

高枝闹叶鸟不度，半掩白云朝与暮。香殿萧条转密阴，花龛滴沥垂清露。

闻道偏多越水头，烟生雾敛使人愁。月明忽忆湘川夜，猿叫还思鄂渚秋。

看君幽蔼几千丈，寂寞穷山今遇赏。亦知钟梵报黄昏，犹卧禅床恋奇响。

三学山开照寺 薛能·唐

尽室遍相将，中方上下方。夜深楠树远，春气陌林香。
圣迹留岩险，灵灯出混茫。何因将慧剑，割爱事空王。

奉和鲁望独夜有怀吴体见寄 皮日休·唐

病鹤带雾傍独屋，破巢含雪倾孤梧。濯足将加汉光腹，
抵掌欲捋梁武须。隐几清吟谁敢敌，枕琴高卧真堪图。
此时枉欠高散物，楠瘤作樽石作垆。

汝瘿和王仲仪 王安石·宋

汝水出山险，汝民多病瘿。或如鸟粝满，或若猿嗛并。
女惭高掩襟，男大阔裁领。饮水疑注壶，吐词侔有梗。
樗里既已闻，杜预亦不幸。秦人号智囊，吴瓠挂狗颈。
膃腽常柱颐，伶仃安及胫。祇欲仰问天，无由俯窥井。
挟带岁月深，冒犯风霜冷。厌恶虽自知，剖割且谁肯。
不惟羞把镜，仍亦愁吊影。内疗烦羊靥，外砭废针颖。
在木曰楠榴，刳之可曰皿。此诚无所用，既有何能屏。
膨脖厕元首，臃肿异胪顶。难将面目施，可与胞胎逞。
贤哉临汝守，世德调金鼎。尝俗虽丑乖，教令日修整。
风土恐随改，晨昏忧虑省。傥欲觐慈颜，名城不难请。

送酒与周法曹用前韵 黄庭坚·宋

遥知谢法曹，诗句多夏景。闻道学书勤，墨池方一顷。

大字苦未遒，小字逼智永。我有何郎樽，清江酝玉饼。

还书及斗数，与君酌楠瘿。

泊大孤山作 黄庭坚·宋

汇泽为彭蠡，其容化鲲鹏。中流擢寒山，正色且无朋。

其下蛟龙卧，宫谯珠贝层。朝云与暮雨，何处会高陵。

不见凌波袜，靓妆照澄凝。空余血食地，猿啸枯楠藤。

高帆驾天来，落叶聚秋蝇。幽明异礼乐，忠信岂其凭。

风波浩平陆，何况非履冰。安得旷达士，霜晴尝一登。

题伯时画揩痒虎 黄庭坚·宋

猛虎肉醉初醒时，揩磨苛痒风助威。

枯楠未觉草先低，木末应有行人知。

万州下岩二首 黄庭坚·宋

寺古松楠老，岩虚塔庙开。僧缘蚕麦去，官数荔支来。

石室无心骨，金铺称意苔。若为刘道者，拽得鼻头回。

假山拟宛陵先生体 陆游·宋

叠石作小山，埋瓮作小潭。旁为负薪径，中开钓鱼庵。

谷声应钟鼓，波影倒松楠。借问此何许，恐是庐山南。

乌夜啼 陆游·宋

檐角楠阴转日，楼前荔子吹花。鹧鸪声里霜天晚，叠鼓已催衙。

乡梦时来枕上，京书不到天涯。邦人讼少文移省，闲院自煎茶。

木 山 陆游·宋

枯楠千岁遭风雷，披枝折干吁可哀。轮囷无用天所赦，秋水初落浮江来。

嵌空宛转若耳鼻，峭瘦拔起何崔嵬。珠宫贝阙留不得，忽出洲渚知谁推。

书窗正对云洞启，丛菊初傍幽篁栽。是间著汝颇宜称，摩挲朝暮具千回。

天公解事雨十日，洗尽泥滓滋莓苔。一丘一壑吾所许，不须更慕明堂材。

晚 步 陆游·宋

院荒有古意，僧少无人声。徘徊楠阴下，赏此落日明。

著书亦何急，寂寞身後名。今年复止酒，歌舞陈空觥。

不如且消摇，出门随意行。看竹入废园，望江上高城。

纤纤素月出，霭霭苍烟横。此夕当复奇，缑山吹玉笙。

携瘿尊醉梅花下 陆游·宋

楠瘿作尊容斗许，拥肿轮囷元媚妩；肯从放翁来住山，谁云置身不得所？

山房寂寞久不饮，作意欲就梅花语。我病鲜欢花更甚，日暮凄凉泣残雨。

人生万事云茫茫，一醉常恐俗物妨，正须仙人冰雪肤，来伴老子铁石肠。

花前起舞花底卧，花影渐东山月堕。瘿尊未竭狂未休，笑起题诗识吾过。

行武担西南村落有感 陆游·宋

骑马悠然欲断魂，春愁满眼与谁论？市朝迁变归芜没，涧谷谽＊互吐吞。

一径松楠遥见寺，数家鸡犬自成村。最怜高冢临官道，细细烟莎遍烧痕。

忆　昔 陆游·宋

忆昔浮江发剑南，夕阳船尾每相衔。楠阴暗处寻高寺，荔子红时宿下严。

硖口烹猪赛龙庙，沙头伐鼓挂风帆。区区陈迹何由记，惟有征尘尚满衫。

游汉州西湖 陆游·宋

房公一跌丛众毁，八年汉州为刺史。遶城凿湖一百顷，岛屿曲折三四里。

小庵静院穿竹入，危榭飞楼压城起。空蒙烟雨媚松楠，颠倒风霜老葭苇。

日月苦长身苦闲，万事不理看湖水。向来爱琴虽一癖，观过自足知夫子。

画船载酒凌湖光，想公乐饮千万场。叹息风流今未泯，两川名酝避鹅黄。

游弥牟菩提院庭下有凌霄藤附古楠其高数丈花 陆游·宋

绛英翠蔓亦佳哉！零乱空庭码瑙杯。

遍雨新花天有意，定知闲客欲闲来。

杂 兴 陆游·宋

犀象本安山海远，梗楠岂愿栋梁材。

伏波病困壶头日，应有严光入梦来。

自 咏 陆游·宋

满梳晨起发凋零，亭午柴门未彻扃。万事忘来尚忧国，百家屏尽独穷经。

楠枯倒壑虽无用，龟老搘床故有灵。梦里骑驴华山去，破云巉绝数峰青。

文渊阁赐茶 乾隆·清

层阁文华殿后峨，昨春庆宴觉无何。具瞻楠架四库贮，且喜芸编三面罗。

十载春秋成不日，极天渊海尚余波。待钞葳事遗百一，月课督程仍校讹。

二、金丝楠书画

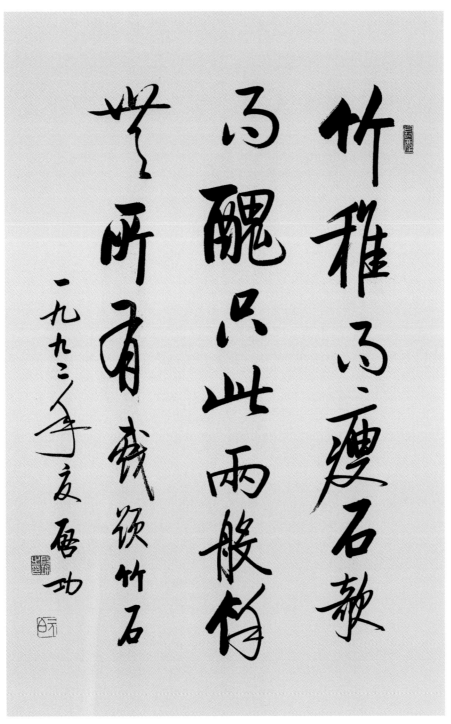

作者：启功（1912—2005），第二届中国书法家协会主席，第三、四届中国书法家协会名誉主席

作者：沈鹏，第三、四届中国书法家协会主席，第五、六届中国书法家协会名誉主席

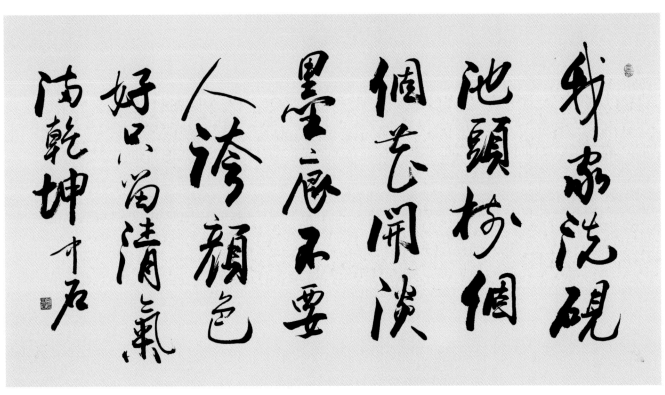

我家洗硯池頭樹
個個花開淡墨痕
不要人誇顔色好
只留清氣滿乾坤　中石

作者：欧阳中石，第三届中国书法家协会顾问，中国书法文化研究院名誉院长

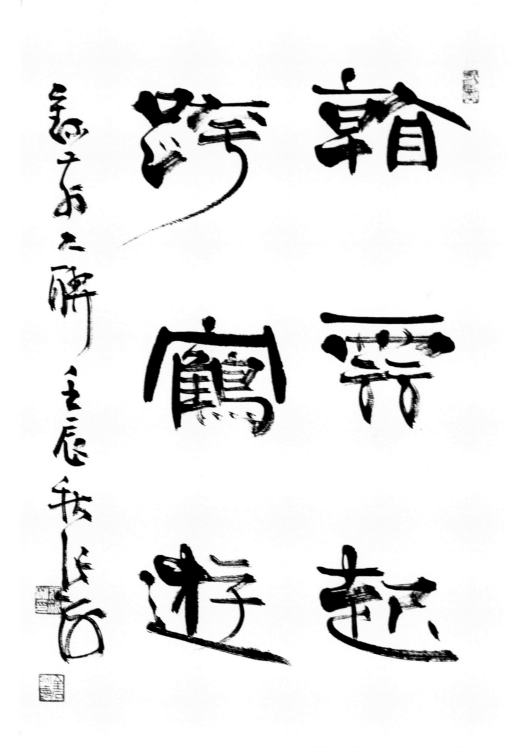

作者：张海，第五、六届中国书法家协会主席

作者：苏士澍，中国书法家协会副主席

作者：陈振濂，中国书法家协会副主席

内容：夜深楠树远，春气陌林香

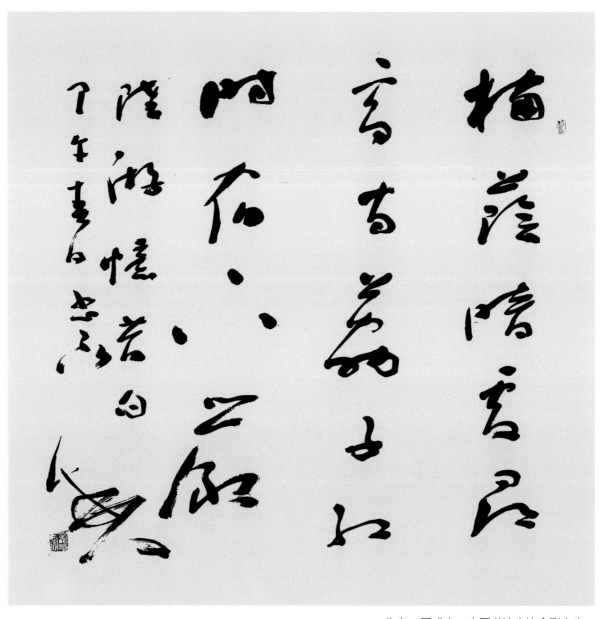

作者：聂成文，中国书法家协会副主席

内容：楠阴暗处寻高寺，荔子红时宿下严

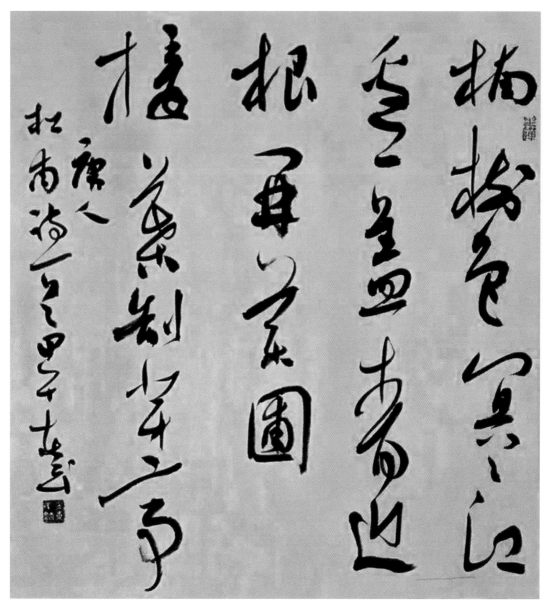

作者：吴东明，中国书法家协会副主席

内容：楠树色冥冥，江边一盖青。近根开药圃，接叶制茅亭

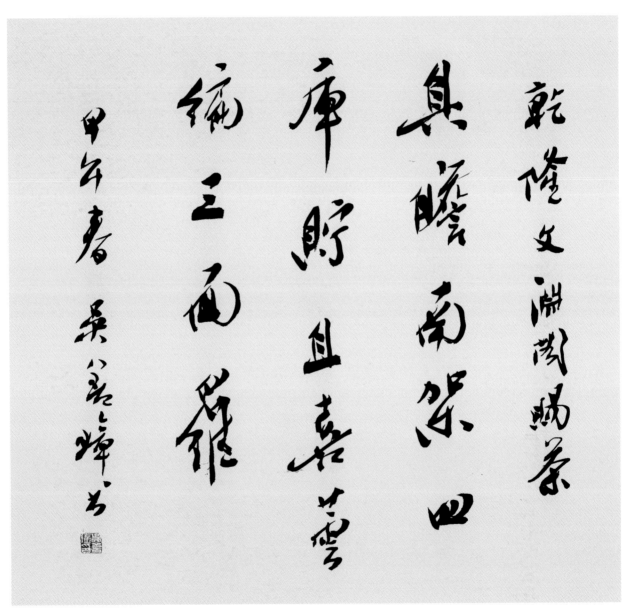

作者：吴善璋，中国书法家协会副主席

内容：具瞻楠架四库贮，月喜芸编三面罗

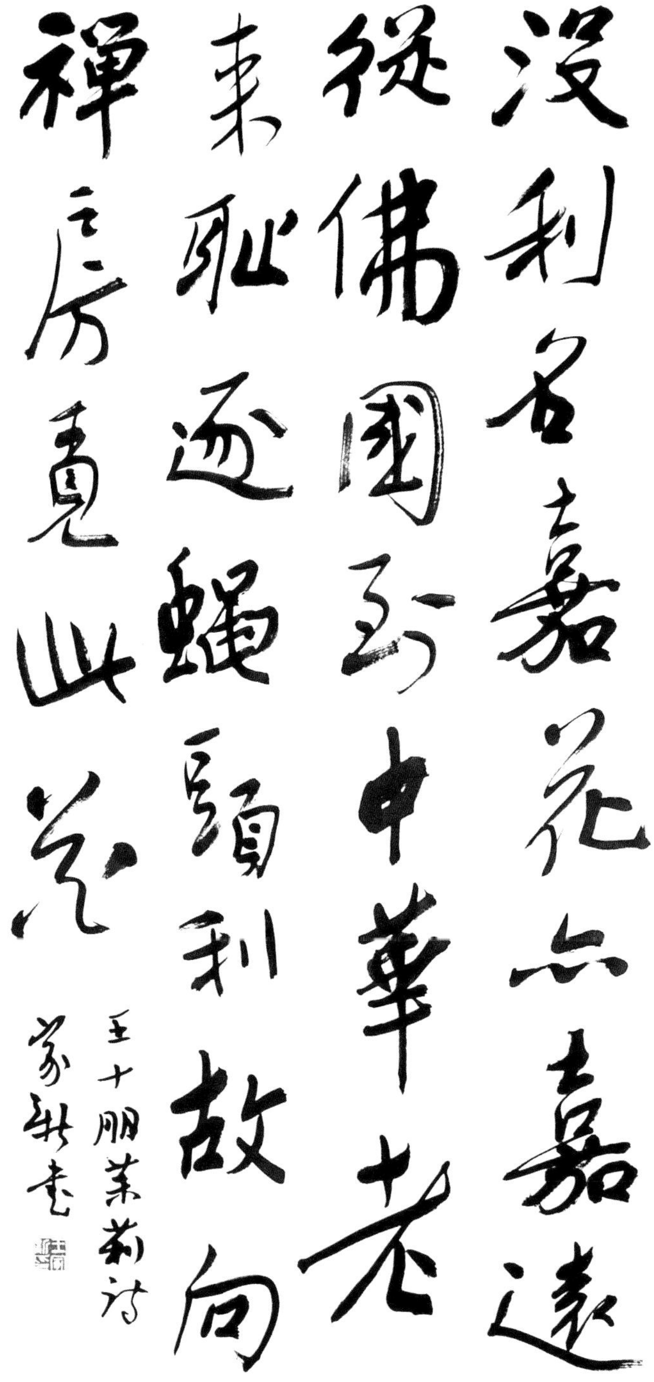

没利名嘉花尒嘉远

从佛国珍中华老

束耻逐蝇头利故向

禅房更此花

壬十丽茉莉诗

家新老

作者：王家新，中国书法家协会副主席

作者：齐梦章，日本国东方画会主席

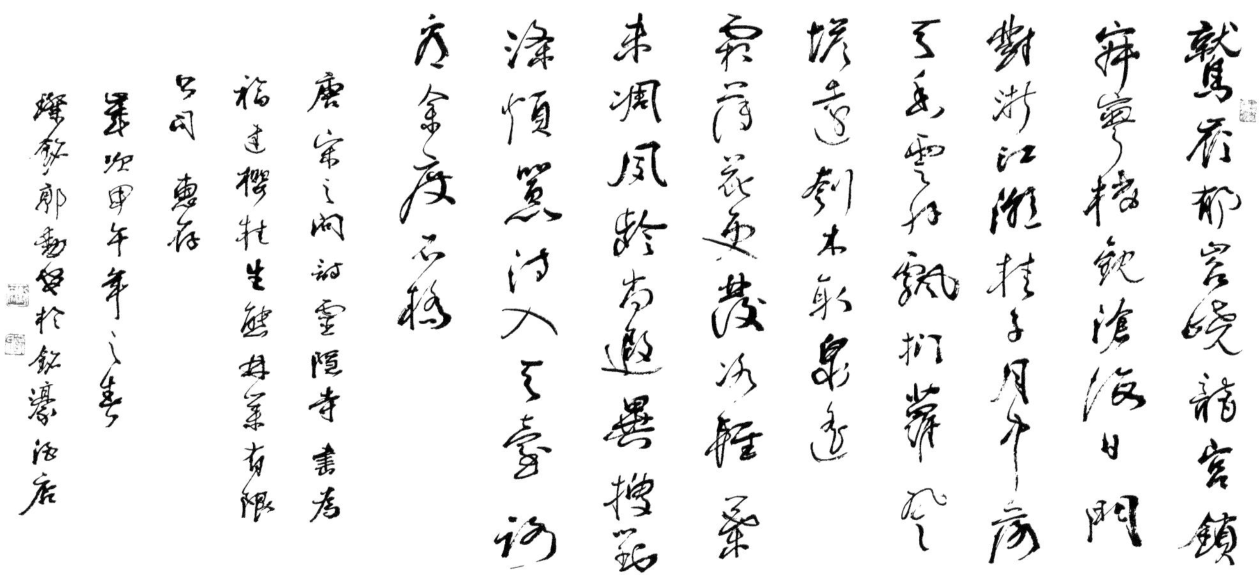

驚春都客晚禧客鎮
萍雲榼欽淮海日門
對游江湖桂子月中房
天長雲府飄朴蘇几
堞遠剗木眾泉達
長屏武迹遊異搜菜
末潤風吟芳輕蔂
湊頃曠污入天壹詩
庚金虔不梅

唐宋之間詞云靈隱寺書為
福建櫻牡生態林業有限
公司惠存
歲次甲午年之春
輝教郎書安于欽寮浴店

作者：郭勋安，福建省书法家协会主席团顾问

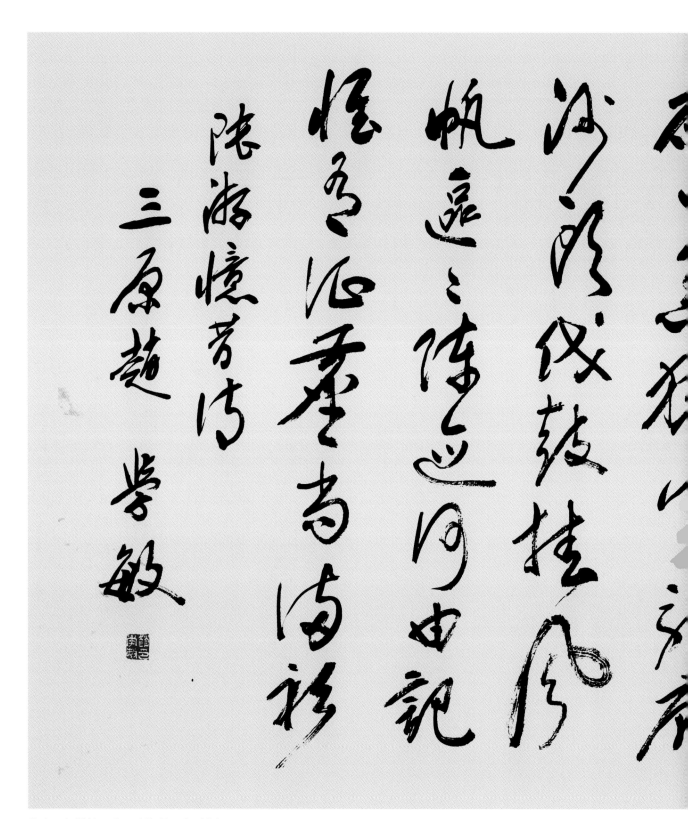

作者：赵学敏，全国政协书画室副主任

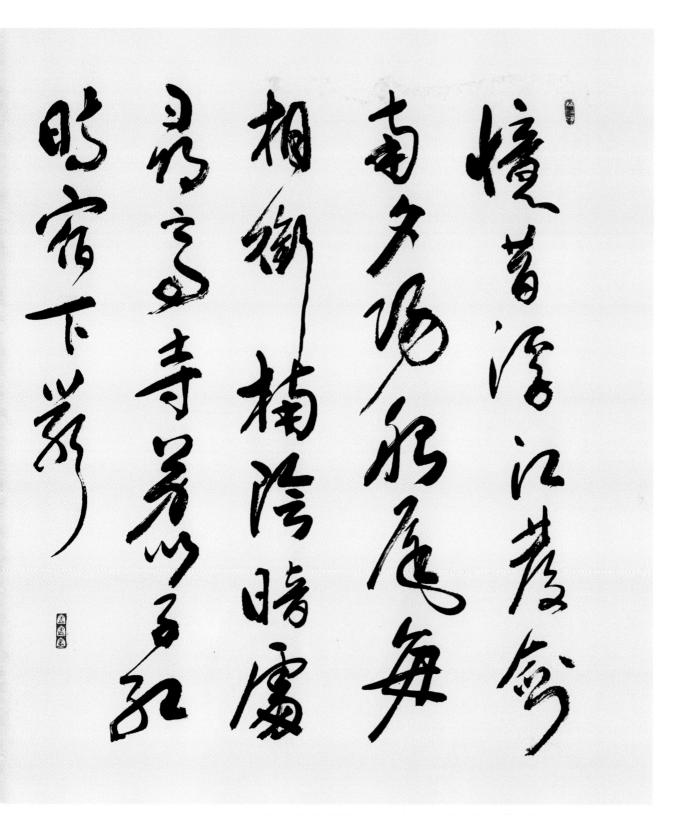

内容：忆昔浮江发剑南，夕阳船尾每相衔。楠阴暗处寻高寺，荔子红时宿下严。

硖口烹猪赛龙庙，沙头伐鼓挂风帆。区区陈迹何由记，惟有征尘尚满衫。

去鄭征泉余陰幸令求甲子游之事郎物安老笔

源清本洁 源盛本旺 材民北斗 黄维健 王中仁陈玉峰玉

作者：中国美术家协会理事陈玉峰等七人合作作品

第六章　金丝楠文化传承与创新

自古以来，人们对于金丝楠资源的无节制采伐利用，导致金丝楠在历史的长河中渐渐地走到了濒临灭绝的边缘。多年以前，樱桂园国际集团董事长、樱桂山庄俞庄主在一次机遇下接触到金丝楠，缘分由此展开，俞庄主喜爱金丝楠，从此开始了种植金丝楠等珍稀树种的漫长道路。

一、金丝楠与樱桂山庄

为了让金丝楠这宝贵的"财富"能传于后世，从20世纪90年代起，樱桂园国际集团的有识之士为拯救珍稀树种而奋斗。20多年间，他们利用闲暇之余，不计代价地在全国楠木生长分布地区来来去去，深入深山老林，花费了巨大的人力和物力，将楠木新种引种到福建。这还仅仅只是在苗木的培育阶段。要使楠木能自然成活在福建的自然气候环境中，樱桂山庄还面临着更大的挑战。"娇贵"的楠木喜阴，对土壤的要求度又高，为了能让楠木新种能在福建的气候环境中自然生长，除了在对楠木幼苗精心培育试验外，樱桂山庄还针对楠木喜阴的生长习性，特地大量引种了高大的阔叶鹅掌楸，利用鹅掌楸的叶大成荫的特点，营造出阴暗潮湿的生长环境，尤其是在夏季，茂密的鹅掌楸叶能有效地避免楠木受到毒辣的阳光直射，从而大大地保证了楠木的成活率。

樱桂园国际集团近年来自觉肩负起楠木文化传承与创新的历史重任，不遗余力打造金丝楠文化产业，以服务社会。组建的工作团队努力在楠木珍稀物种保护、培育资源和合理利用、产品设计开发等方面做出新贡献：

（1）福建樱桂山庄，主要承担：楠木苗圃、林木基地、桢楠文化研究基地建设；

（2）桢楠文化艺术博物馆，主要任务：金丝楠艺术品、木制品、文物展示、科普宣传；

（3）桢楠文化研究院 ，主要任务：产品开发、楠木利用研究、文化传承与创新研究。

樱桂园楠木苗圃

楠木幼林生长良好

桢楠文化艺术博物馆位于福州安民巷

二、桢楠文化艺术博物馆

作为楠属树种的重要分布地之一的福建，一直以来也是金丝楠木主要诞生地之一。为了让更多人知道福建楠木，让更多人了解桢楠文化，樱桂园国际集团作为艺术馆的投资人，支持福建民间"桢楠文化艺术博物馆"的创办，在福州"三坊七巷"之安民巷的鄢家花厅里摇曳的身姿不是其他，正是金丝楠历史文物仿古艺珍品、家具等，这里就是全国首家民间"桢楠文化艺术博物馆"。目的是为了更好地展示、普及、弘扬金丝楠文化，更好地以史为鉴，搞好楠木物种保护，培育和合理开发利用珍稀资源，造福于社会，促进可持续发展和生态文明。这是福建传承金丝楠文化的一个鲜明的符号。博物馆每天展出金丝楠展品近200件（套），供游客参观和鉴赏。

三、福建樱桂桢楠文化研究院

在越来越重视生态文明建设的有利形势之下，樱桂园国际集团的决策者静下心来，精心谋划，以修长久之功，谋长远之利，为保护和发展楠木尽心耕耘，造福于社会，造福于后代。

目前，樱桂园国际集团为了进一步保护楠木物种资源、弘扬楠木文化，筹备成立福建樱桂桢楠文化研究院，与福州市林业局、福建农林大学林学院等多家权威机构展开紧密合作，深入探寻楠木的生存环境、物种保护、培育技术和历史文化。

多年来，以樱桂园国际集团为主体的团队从最初的几个人到十几个人，再到现在的整

桢楠研究院筹备会

个桢楠研究和保护团队，楠木已成为他们生命里难以割舍的情怀。如今，樱桂山庄已成为福建农林大学林学院和福州市林业局"珍稀树种研究中心"的示范基地和桢楠文化研究基地，在楠木的保护、培育和文化传承以及创新上期盼有新的作为，取得新的成效。

楠木培育示范基地（2~7年楠木幼林）位于风光宜人的樱桂山庄

楠木研究示范基地

樱桂山庄团队

四、金丝楠原木收藏

福建樱桂山庄收藏桢楠原木近3,900吨，原木长4~21米，围径0.5~3.6米。桢楠文化艺术博物馆每天展示金丝楠展品近200件（套）。

楠木材性独特，品质上佳，乃盖世名木。木材质地坚硬细密，温润如玉，细腻如脂，光滑如绸。

桢楠木材物理、力学测试结果认为其纹理斜或交错，结构甚细、均匀，重量及硬度适中、干缩性小、强度低、冲击韧度居中。木材尺寸稳定性良好，干材胀缩率小。在常温条件下测定其受大气温度变化的影响，掌握其木材制品在使用过程中的尺寸稳定性。其中，桢楠阴沉木的尺寸稳定性又要优于老料。

桢楠干燥性佳，不翘不裂，切削容易、切面光滑，有光泽、板面美观，油漆后更光亮，粘胶容易，握钉力颇佳。

桢楠属与润楠属木材辨别：桢楠树皮薄、有深色点状皮孔；内皮与木质相接处有黑色环状层、石细胞无或不明显，香气淡。而润楠外缘石细胞多而明显，并有白色纤毛。桢楠气干密度大，相对密度大，显得稍重，而润楠则稍轻。桢楠光泽性强，润楠则较弱。在显微结构上，桢楠的木射线内的油细胞或黏液细胞常见，而润楠则少见。

楠木属的树种，如闽楠、桢楠、浙江楠、紫楠等木材比润楠属的木材材质高一个等级。

目前原木主要来源只有民间珍藏的原木旧料、拆旧房的老料、再加工利用的木料和阴沉木等渠道。因此樱桂园在近年来投入巨资对珍贵的木材资源加以收藏保存，用于文化传承和科学普及，以唤醒人们对这一珍稀物种资源的再认识，促进物种保护和资源再培育、再生产，为推动生态文明贡献绵薄之力。

目前，已收藏有楠木原木、板料近4,000吨，实物照片附后。

金丝楠原木

金丝楠原木

楠木阴沉木

楨楠原木堆场

桢楠阴沉木

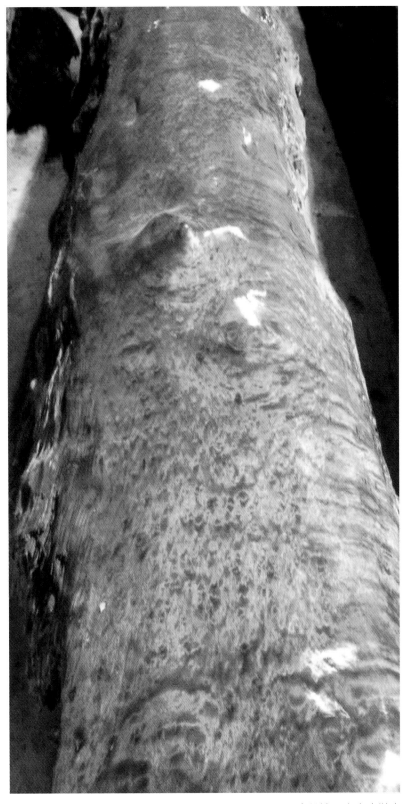

金丝楠原木去皮抛光

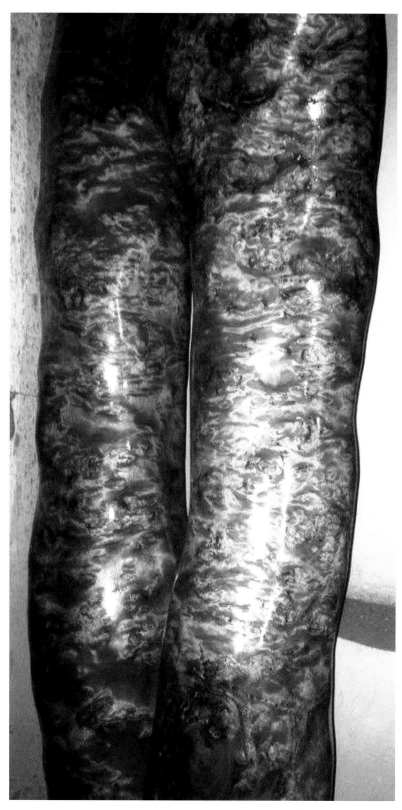

金丝楠原木去皮抛光

金丝楠原木去皮抛光

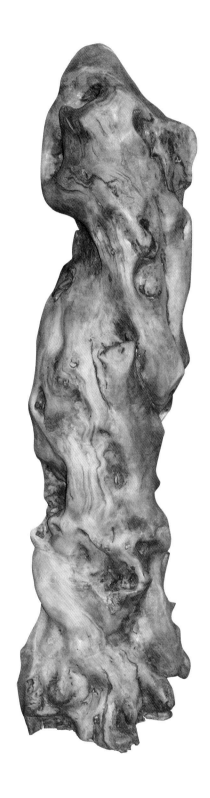
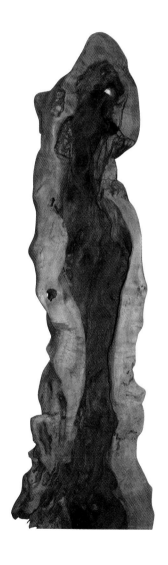

金丝楠原木去皮抛光

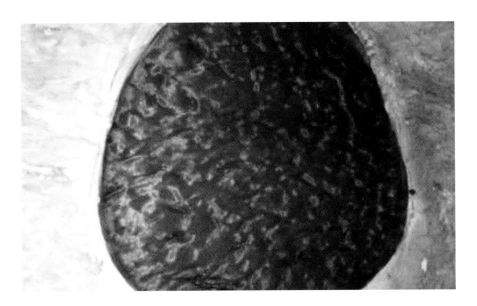

极品龙胆波纹

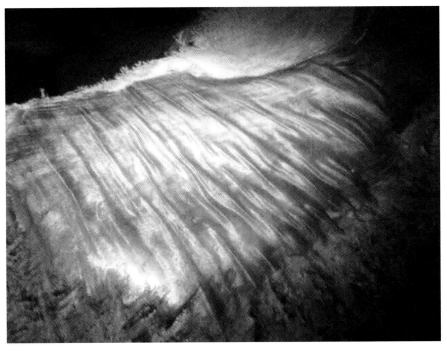

金丝楠原木去皮抛光

金丝楠原木

金丝楠原木去皮抛光

金丝楠原木

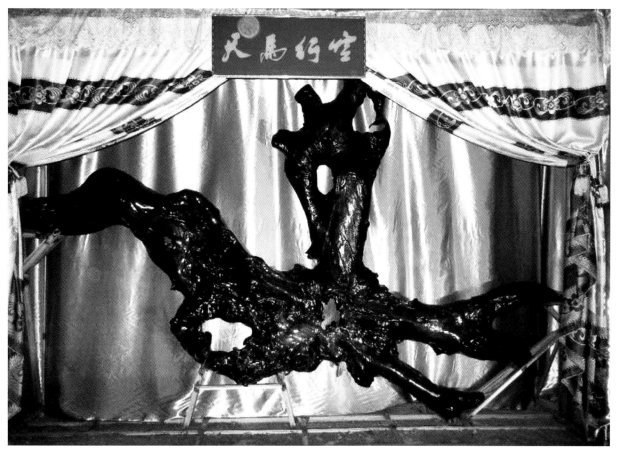

金丝楠原木去皮抛光

金丝楠工艺品

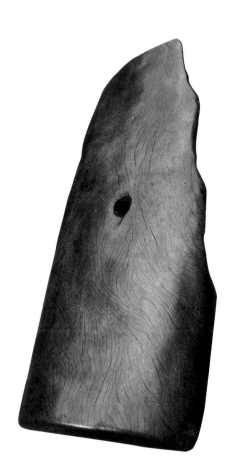

金丝楠工艺品

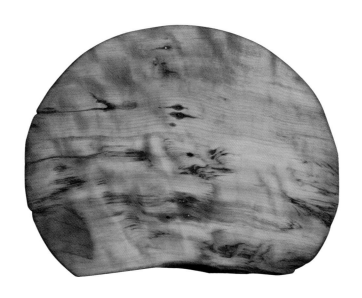

金丝楠工艺品

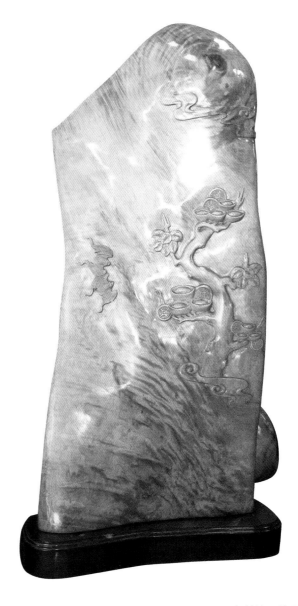

金丝楠工艺品

五、金丝楠古家具

樱桂园国际集团重金聘请国内名家，精心设计、制作仿明清古典桢楠家具近3,000余套。
陈列其中部分作品，供大家欣赏、收藏和品评。

随着社会经济发展和人民生活水平的提高，人们对家具消费的需求已超出一般的使用价值，转而提高了对其艺术价值、欣赏、收藏价值的追求，充分体现了当代人对我国传统文化的继承和发扬，鉴赏和收藏古典家具已成为国内外艺术爱好者的时尚和潮流。不同质地、档次的仿古木质家具，异彩纷呈。明清家具之所以能达到家具艺术的巅峰，与文人制器有着极大的关系。文人将其丰富的知识和独特的感悟融入到家具创作之中，从而使其具备艺术魅力。但金丝楠仿古家具因其独特的品位和价值仿佛又居于潮尖波峰，必将长盛不衰，正如桢楠参天巨木，长秀于明清仿古家具之林。

金丝楠明式古典家具，造型简洁、秀丽、朴素，突出了家具线条形象，体现清新明快以及木材纹理、色泽之美；清式家具用材厚重，工艺更加完美，装饰更加华丽稳重，较多体现镶嵌或雕刻，是传统家具工艺、品位、艺术价值较高的作品，之所以倍受消费者、有识之士收藏追捧，除了它具备古家具艺术观赏、收藏及使用价值外，还由于金丝楠木资源之稀缺、价值之高贵、品位之至臻等因素。

由樱桂园国际集团设计制作的金丝楠古家具主要有罗汉床、美人榻、顶箱柜、斗柜、画案、条案、平头案、大宝座、扶手椅、博古架、珠宝箱盒、书桌、餐桌及套件、屏风、书橱、架子床等几十个系列，不同款式、尺寸规格的作品现有3,000多件（套），本书陈列其中部分作品，供大家欣赏、收藏和品评。

禾盛楠祯经典家具展示馆

金丝楠兽纹罗汉床

　　罗汉床又称弥勒榻，最初供僧人谈经论道之用，故因此得名。随着佛教的盛行，此床在达贵名仕间风靡一时，成为品位、身份、地位的象征。

　　此罗汉床四周有兽纹浮雕，大气厚实，纹理明快，金光闪现，精心制作，用料百里挑一。极具观赏、使用和收藏价值，是一件艺术珍品。

金丝楠三屏风雕龙弯脚罗汉床

清式美人榻

清代雕龙顶柜箱，为三组连成一体，长达300厘米。龙为四大吉祥物之首，为皇家所用的家具、室内装饰用品等所用的图案，面板、门板及门面上下均有浮雕龙图案，做工精细，选料考究，显示出威武霸气，极具收藏价值。

清代雕龙顶箱柜

清式雕花顶箱柜两组合

金丝楠多功能柜三组合

清素面顶箱柜

　　顶箱柜是中式家具中的大件，出现在明后，盛行于清。此顶箱柜为清代式样，品洁平实，虽为素面，但用料考究，做工精细，柜子为标准的大顶箱立柜制式，值得为居家雅士所用和收藏。

金丝楠素面顶柜箱

清代三层顶箱柜

双门斗柜

平头案家具三件套

条案（平头案/画案）是一种长方形的承具，与桌子的差别是因脚足位置的不同而采用不同的结构方案，故称"案"。条案在古时常用来置于家中玄关处作装饰，且常习惯性地在案上摆放几件工艺品或古董等，带来生动，增加玄关的收纳观赏作用。

条案（平头案/画案）简洁实用，简单却不简陋，质朴中洋溢着简练之美、平淡中流淌着古典的韵味。

清拐子纹翘头案

金丝楠平头案

明代圆包脚画案三件套

金丝楠画案

金丝楠清式条案

金丝楠办公套件

金丝楠书房套件

金丝楠办公桌套件

金丝楠二十四孝雕刻屏风

明式云龙纹大宝座九件套

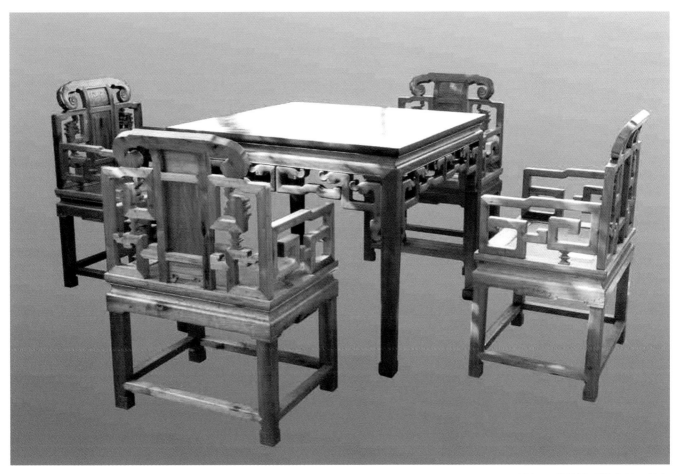

清拐子龙纹扶手椅家具五件套

清代拐子龙纹扶手椅

明式三滚木脚踏

明代空心栏杆书架

明式沙发11件套

明式画案四套件

清式雕龙大床三套件

明式沙发三套件

参考文献

中国植物志编委会.1982.中国植物志.第31卷[M].北京：科学出版社.

刘志雄等.2011.我国楠木类资源现状及保育对策[J].长江大学学报.

李树刚等.1988.楠木名称考订[J].广西植物.

林鸿荣.1988.古代楠木及其分布变迁[J].四川林业科技，4.

杨家驹.2013.桢楠的研究与鉴别[J].收藏杂志社，5.

何应会等.2013.珍贵树种闽楠研究进展及其发展对策[J].广西林业科学，4.

蔺明林.2013.中国古代金丝楠木的地理分布与变迁[J].收藏杂志社，5.

周默.2010.历史上采伐楠木的史料记载，紫禁城，（S1）58-69.

于永福.1999.中国野生植物保护工作的里程碑［国家重点保护野生植物名录（第一批）］
　　[J].植物杂志.

国家环保局，中国科学院植物所.1992中国植物红皮书——稀有濒危植物（第一册）[M].北
　　京:科学出版社.

杜娟等.2009.楠木人工林的研究现状与展望[J].安徽农业科学37，

图书在版编目（CIP）数据

桢楠文化 / 福建省樱桂桢楠文化研究院编. -- 北京：
中国农业出版社，2014.11
　　ISBN 978-7-109-19753-4

　　Ⅰ．①桢… Ⅱ．①福… Ⅲ．①楠木－文化 Ⅳ.
①S792.24

　　中国版本图书馆CIP数据核字(2014)第260645号

中国农业出版社出版
（北京市朝阳区麦子店街18号楼）
（邮政编码 100125）
策划编辑　徐晖　　贾彬

文字编辑　耿增强

北京中科印刷有限公司印刷　　　新华书店北京发行所发行
2014年11月第1版　　2014年11月北京第1次印刷

开本：889mm×1194mm　1/12　印张：10 $\frac{2}{3}$
字数：200千字
定价：198.00元
（凡本版图书出现印刷、装订错误，请向出版社发行部调换）